GUIDE DU PROMENEUR

Avec 50 dessins inédits et 1 carte

AUTOUR DE ROUEN

par

LOUIS MÜLLER

Publiciste

Ancien Professeur à la Société Industrielle

d'Elbeuf.

ROUEN

Louis Langlois. Libraire-Éditeur

20, rue Thiers, 20

1890

AUTOUR DE ROUEN

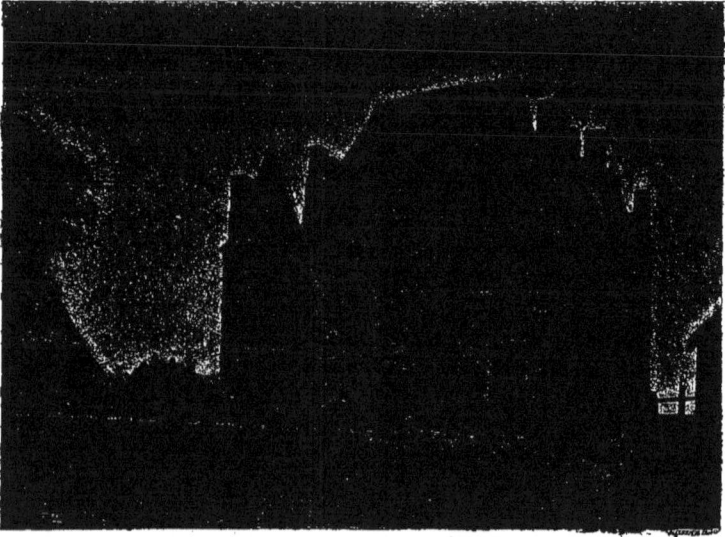

Château de Martainville. (Photographie de l'auteur)

GUIDE DU PROMENEUR

AUTOUR DE ROUEN

par

LOUIS MÜLLER

Publiciste

Ancien Professeur à la Société industrielle
d'Elbeuf.

ROUEN

L. Langlois, Editeur, 20, rue Thiers.

1890,

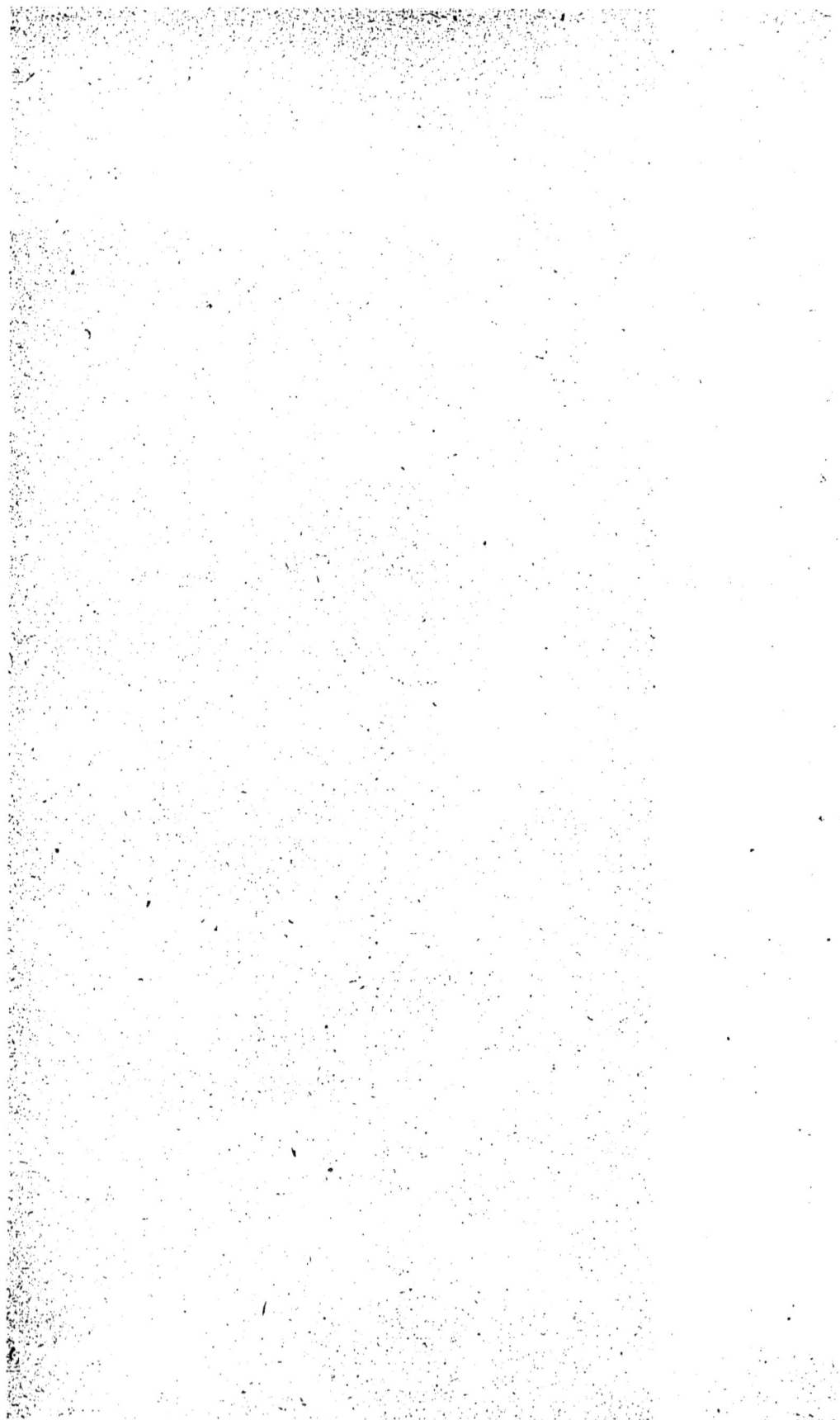

AUTOUR DE ROUEN

I.

La France n'a pas de province plus riche que la
Normandie ; elle en a peu d'aussi belles. Aussi les
cinq départements qui la composent, notamment la
Seine-Inférieure, ont-ils été le sujet d'études et de
publications nombreuses dans tous les ordres d'idées.

Rouen devait être et a été privilégié. On a fait de
nombreux travaux sur la ville ; d'habiles artistes y
ont même apporté le concours d'un talent auquel
on est redevable de documents précieux pour la res-
titution du passé et la fixation, par la gravure et la
lithographie, de l'état actuel des incomparables
monuments dont le chef-lieu de la Seine-Inférieure
est fier à si juste titre.

Les environs ont aussi été l'objet de publications
qui avaient leur place marquée d'avance dans les
bibliothèques, et qui sont l'honneur de la typographie
et de l'art rouennais.

Mais jusqu'à présent, il n'existait pas, sur nos alentours, d'ouvrage à la fois assez étendu pour servir de
guide aux personnes désireuses de les visiter et assez
modeste pour être d'un prix accessible aux bourses
les plus légères.

Depuis de longues années, l'auteur a pu se convaincre, par une expérience personnelle, que sous tous les rapports, les environs de Rouen n'ont rien à envier aux contrées les mieux partagées et que, cependant, nombre de sites pittoresques, d'édifices intéressants, de curiosités naturelles demeurent ignorés, ou à peu près, de la plupart de ses concitoyens.

La raison en est simple. Aucune publication populaire n'a vulgarisé les particularités dignes d'attention qui se trouvent autour de Rouen. L'existence des plus célèbres d'entre elles est certainement connue de tous, mais en général on ne se déplace pas pour les aller voir, parce que l'on ignore quels sont les voies et moyens à employer pour cela, et surtout parce que l'on se figure que ces sortes d'excursions sont inévitablement dispendieuses.

A de rares exceptions près, il n'en est pourtant pas ainsi, du moins pour la série de promenades dont « Autour de Rouen » donne les itinéraires.

L'auteur s'est donc imposé pour but d'indiquer à ceux qui disposent, en totalité ou en partie, de leurs dimanches et des jours fériés, un ensemble d'excursions assez courtes pour n'exiger qu'une demi-journée ou, au plus, la journée entière, et assez faciles pour n'entraîner qu'une dépense insignifiante ou, tout au moins, fort restreinte.

« Autour de Rouen » n'a et ne pouvait à aucun titre avoir d'autre prétention que d'être pour les ouvriers, les employés, les petits commerçants ou les petits rentiers de Rouen et des environs un guide des plus modestes, familier dans sa forme et le moins incomplet possible.

Un tel programme ne comportait pas un plan très étendu. Le nôtre embrasse, d'une façon générale, une circonférence dont Rouen est le centre et dont le rayon, sauf quelques exceptions, n'excède pas vingt kilomètres. On ne trouvera certainement pas ici tout ce qu'il y a d'intéressant dans ce périmètre ; un des mérites des guides est de laisser à l'initiative intelligente des touristes quelque chose à découvrir, qui semble nouveau pour n'avoir pas été décrit ou signalé ; sous ce rapport, du moins, « Autour de Rouen » ne le cédera en rien à ses devanciers. Archéologues, peintres, naturalistes ou simples promeneurs pourront fréquemment apporter d'intéressantes additions aux notes et aux observations consignées dans nos divers chapitres.

Un mot maintenant du fond même du livre.

Les itinéraires décrits comprennent : — la forêt de Roumare et les localités qu'elle renferme ou auxquelles elle est adossée. Le Genétay, Saint-Pierre-de-Manneville, Quevillon, Saint-Georges-de-Boscherville, ses particularités historiques ou naturelles ; — la Seine en amont, avec Saint-Adrien, les Authieux, Saint-Etienne, Oissel, Pont-de-l'Arche et une partie de la forêt de Rouvray ; — la Seine en aval, Croisset, Dieppedalle, Biessard, le Val-de-la-Haye, Hautot, Sahurs, la Bouille, Caumont, Bardouville et Duclair ; — la ligne de Rouen à Elbeuf, comprenant les deux Quevilly, les deux Couronne, Moulineaux, Orival, Elbeuf et la forêt de la Londe ; — une partie des vallées du Cailly et de l'Andelle ; — nos plateaux avec Boisguillaume, Isneauville, Darnétal, Préaux.

Un dernier chapitre donnera en appendice une indication sommaire des excursions intéressantes dont le cadre excéderait celui de notre livre et des renseignements sur les chemins de fer, les bateaux, les tramways et les voitures publiques.

Avant de clore cette entrée en matière, quelques conseils pratiques seront peut-être les bien venus, surtout auprès des jeunes promeneurs.

Partir le matin, après un premier déjeuner, d'aussi bonne heure que possible; l'air plus frais excite à la marche, la rend moins pénible et plus alerte. Si l'on emporte quelque bagage, vivres, boîte d'herborisation, filets à papillons, troubleaux, chevalets de peintre, appareil photographique, diviser la charge. Rien de plus commode, pour porter les vivres, qu'un bon filet; c'est élastique à souhait, et au retour, on y met soit des plantes, soit une botte de mousse, précieuse pour la culture des fleurs sans terre. Une musette, analogue à celle des soldats, avec poche principale et deux pochettes intérieures, rendra également de grands services; on y case les albums, les châssis, les objectifs, les outils du géologue, les flacons pour l'entomologie et la récolte des mollusques, le produit des chasses, etc., etc., etc. Une simple toile cirée, de cinquante centimètres de largeur sur un mètre de longueur, est recommandée aux personnes qui se proposent seulement de rapporter un bouquet champêtre. Les fleurs, roulées dans la toile et légèrement humectées d'eau, arrivent à la maison fraîches et sans être cassées.

En ce qui concerne l'équipement, je me bornerai à une indication : ayez de bonnes chaussures, avec des clous, pour ne pas glisser sur les déclivités de terrain, et portez des chaussettes de *laine*, afin d'éviter les ampoules qui rendent la marche si douloureuse.

Doit-on effectuer à pied seulement la moitié du voyage et le reste en chemin de fer, en bateau ou en voiture? Chaque fois que la coïncidence des heures le permettra, il sera préférable de réserver ce dernier mode de locomotion pour le retour. Quand les jambes sont lasses, elles ne se résignent pas sans regret à la nécessité de recommencer une promenade infiniment moins agréable que celle du matin, et qui est la peine après le plaisir.

Il a été dit tout à l'heure que la plupart des excursions indiquées dans ce livre n'étaient nullement dispendieuses. Quelques-unes cependant, sauf pour les marcheurs intrépides, ne peuvent guère s'effectuer, pour l'aller et le retour, qu'en chemin de fer ou en voiture. Duclair et Jumiéges, Martainville et Vascœuil, Pont-Saint-Pierre et Radepont sont de ce nombre.

Dans ce cas particulier, voici, de tous les moyens de transport, celui qui est à la fois le plus commode, le plus agréable et le moins coûteux.

On se groupe par amis ou par familles, et on « frète » un omnibus. Pour 30 à 35 francs, on a une voiture fournissant douze place d'intérieur, sans compter l'impériale. Si l'on est douze ou quinze, on voit de suite que pour 3 francs environ par personne on peut voyager toute une journée, et voici, indépendamment de l'économie sur le transport, les autres avantages qu'offre ce système.

On part quand on veut, on s'arrête où l'on veut, on revient quand on veut; la préoccupation de ne pas manquer le train disparaît absolument; on est bien porté; la route se fait joyeusement, puisqu'on n'est pas séparé; enfin, on transporte sans fatigue et sans embarras son bagage d'excursionniste, voire ses vivres, si l'on tient à ne pas être tributaire des hôteliers.

Et maintenant, ami lecteur, munissez-vous d'une carte des environs (de celle de l'état-major au 80 millième, ou de celle de la maison Hachette au 100 millième), d'une petite boussole si vous craignez le brouillard en pleine forêt, d'une canne solide, et bientôt vous deviendrez ce que nos troupiers, dans leur expressif jargon, appellent « un débrouillard ».

L'introduction de notre Manuel du promeneur autour de Rouen s'en tiendra à ces conseils sommaires. L'expérience fera le reste, car même en matière de promenades, la pratique est la meilleure des conseillères.

II

FORET DE ROUMARE

LE GROS-HÊTRE

LA FORÊT DE ROUMARE. — LE PLUS GROS HÊTRE
DU DÉPARTEMENT. — MONTIGNY.

— Connaissez-vous le Gros-Hêtre ?

— Qu'est-ce que c'est que ça ?

— Tout simplement une curiosité très remarquable du règne végétal, le plus gros arbre, sans doute, de notre département après le Chêne d'Allouville, et, peut-être, le plus gros hêtre de France.

— Non, je ne le connais pas. Où se trouve-t-il ?

— Près de Montigny.

— Ah bon !... mais où prenez-vous Montigny ?

— Montigny est un joli village niché en pleine forêt de Roumare.

— Parfait... Est-ce que c'est loin la forêt de Roumare ?

Voilà une conversation que nous avons plus d'une fois eue avec des Rouennais, qui sont très fiers de leur ville sans la posséder encore bien à fond et qui savent, vaguement, que Rouen est situé dans une des plus belles contrées du monde.

— Non, la forêt de Roumare, une des mieux per-
cées de France, n'est pas loin.

On y accède — nous ne parlons ici que pour les
Rouennais — par Maromme, Déville, Bapeaume, Canteleu, Croisset, Dieppedalle et Biessard. Aujourd'hui,
pour l'excursion que nous projetons, l'itinéraire le
plus simple et le moins fatigant est celui-ci :

On prend le tramway jusqu'à la barrière du Havre,
et on gagne le bas de Bapeaume ; là, deux chemins —
trois au besoin — se présentent; le plus facile est l'ancienne route de Canteleu, qui allonge un peu le trajet ;
le plus court, mais aussi le plus rude, est un chemin
creux, un « raidillon », que l'on prend à droite du
moulin de Bapeaume, près de l'endroit où s'amorce la
route.

C'est la partie laborieuse de la promenade ; elle
exige du souffle et du jarret. Mais la route ouvre des
échappées si pittoresques, mais le raidillon est si frais
avec ses talus où croissent, parmi les ronces, d'élégantes graminées, l'Arum à feuilles maculées, les
Ficaires jaunes, vernies, luisantes comme des louis
neufs, et (particularité botanique assez curieuse), la
petite Pervenche bleue (*Vinca minor*) à fleurs doubles,
que la montée est finie avant qu'on ait eu le temps
de la trouver trop longue.

Au sommet du plateau commencent les premières
maisons de Canteleu. On s'engage à droite sur une
route bordée d'une ligne de maisons ouvrières récem-
ment construites et d'un modèle uniforme. A une
portée de fusil, on rencontre, à droite, une grande et
belle mare, la mare des Saules, dont les bords sont
garnis de renoncules aquatiques, à fleurs blanc pur,
vernissées, et d'une délicatesse exquise.

Un peu plus loin, on se trouve devant une trifurcation ; la route de droite, la route « aux Lapins », va rejoindre celle de Maromme ; celle du milieu conduit

Le Gros-Hêtre.

à la Vaupalière ; celle de gauche nous mène, en vingt minutes, à notre but.

2

Le Gros-Hêtre se dresse à droite et à l'angle d'un
bois de sapins. C'est un véritable monstre du règne
végétal, dont le tronc, à hauteur d'homme, mesure
huit mètres et demi de circonférence. Il n'est pas extrêmement élevé, car la foudre a dù ravager plus d'une
fois sa tête séculaire.

A-t-il une histoire, une légende ? — C'est probable.
— Quel est son âge ? — Plusieurs siècles, mais à moins
que les archives de Montigny n'en parlent, on est
réduit sur ce point aux conjectures. Il est à craindre
que, dans quelques années, la vétusté et les orages
n'aient abattu le géant, car il est complètement creux
à l'intérieur, et ce n'est plus que par l'écorce que la
sève monte aux maîtresses branches, d'une frondaison
encore vigoureuse.

A droite et à gauche du Gros-Hêtre, dans les taillis
et les accidents de terrain, croissent, de mars à juin,
suivant leurs époques de floraison, des primevères
jaunes, roses, lie de vin et blanches ; le *Blechnum
spicant,* l'une de nos plus élégantes fougères indigènes ;
la Sylvie (Anémone des bois pour les botanistes) ; la
Jacinthe bleue ; quelques orchidées, notamment l'Orchis mâle (pentecôte) et l'Orchis pourpré ; l'Oxalide
aux fleurs diaphanes, blanches et veinées de lilas, aux
feuilles ternées comme celles du trèfle.

Cette charmante plante, qui contient en quantité
notable de l'acide oxalique (sel d'oseille), croît en
abondance dans tous nos bois, où elle se plaît surtout
dans les endroits un peu frais. Dans les chaudes journées de l'été, elle offre une ressource aux touristes
altérés ; quelques feuilles mâchées rafraîchissent la
bouche, au moins momentanément.

Il faut, pour se rendre de Rouen au Gros Hêtre, environ une heure un quart ; le retour est plus facile, puisqu'on descend, partant moins long.

C'est une intéressante promenade, vivifiante par l'air qu'on y respire et par l'exercice qu'on y prend. Tous les apéritifs du monde réunis ne la valent pas ; ceux qui l'auront faite une fois seront de notre avis.

LE CHÊNE-A-LEUX

UN ANCÊTRE.— LE COLLIER DE ROLLON. — PANORAMA DE CANTELEU. — FLEURS CHAMPÊTRES.

Un interlocuteur d'esprit caustique répliquait un jour à un poëte qui se vantait d'avoir écrit le plus beau vers qui fût dans notre littérature : — « C'est vrai ; malheureusement, c'est un vers solitaire. »

On ne serait point aussi fondé à nous répondre, quand nous célébrons l'ampleur majestueuse du Gros Hêtre, le colosse de la forêt de Roumare : « Sans doute, cette forêt possède un très bel arbre, mais elle n'en a qu'un ». Elle en a beaucoup, et de fort beaux, au premier rang desquels se dresse le magnifique Chêne-à-Leux. — Chêne à *Leu* ou à *Leux*, les opinions sont partagées ; les vieilles cartes tiennent pour le singulier ; la nouvelle carte du Ministère de l'Intérieur met le pluriel.

Le Chêne-à-Leux s'élève au bord d'une clairière à droite et en contre-bas de la route de Duclair. On s'y rend par Canteleu, dont il est distant d'environ 2,500 mètres.

L'arbre est superbe. Plus heureux que le Gros-Hêtre, son contemporain, il a été épargné par la tourmente, et il étale à une grande hauteur sa vaste ramure dans les profondeurs de laquelle tout un monde

Le Chêne-à-Leux — dessin d'Emile Deshays.

ailé trouve un asile sûr. A hauteur d'homme, il mesure exactement 5 m. 50 ; à 50 centimètres du sol, sa circonférence est de 6 m. 70.

Le terrain est dégagé et creusé à l'entour en façon de demi-lune, soutenue par un revêtement de moellons.

Nous connaissons, dans notre région, quelques chênes renommés : le chêne d'Allouville, près Yvetot ; la *Cuve*, dans la forêt de Brotonne, etc., dont les dimensions sont plus colossales, mais aucun n'est mieux fait pour tenter le crayon d'un paysagiste.

D'où lui vient son nom ? — Vraisemblablement du vieux français *leu* ou *leup*, qui signifie *loup*. La Fontaine a donné comme moralité à sa fable « le Loup, la Mère et l'Enfant », un dicton picard, où le mot se trouve ainsi orthographié :

Biaux chires leux n'écoutez mie
Mère tenchant chen fieu qui crie !

« Chêne aux Loups », telle doit donc être la **traduction** moderne du qualificatif de notre arbre, et elle lui vient sans doute de ce qu'autrefois, situé au cœur de la forêt dans une petite clairière, il était comme le centre des sanhédrins que tenaient, au clair des pâles lunes d'hiver, les loups, jadis communs dans ces parages.

Une légende dont il est sage de ne pas contrôler l'authenticité y est attachée. Au xe siècle, Rollon, désireux de montrer de quelle sécurité étaient les chemins de son beau duché, suspendit un jour aux branches du Chêne-à-Leux son collier d'or, ses bracelets, et plusieurs joyaux de prix. Au bout de trois ans, rien n'avait été dérobé.

On ne dit pas si le redouté seigneur, en même temps qu'il faisait de l'arbre le garde-meuble des diamants de sa couronne, avait établi sous son ombrage un corps-de-garde.

Avouons, non sans une certaine humiliation, que, de nos jours, ce serait tout-à-fait nécessaire.

Cette promenade, comme la précédente, comme d'ailleurs la plupart de celles qui vont suivre, peut se faire en voiture ou à pied — *pedibus cum jambis* — dit un vieil adage, dont la latinité ne doit rien à Cicéron. La route en est facile, car c'est celle de Rouen au Havre par Duclair et Caudebec. Nous, qui laissons le premier mode de locomotion à ceux qui ne disposent pas d'une bonne paire de jarrets, nous avons le choix entre la route par Croisset et la route par Bapeaume et Canteleu. On abrège l'une en prenant au pont de Pierre ou à la cale Cauchoise le bateau-omnibus, qui, en vingt minutes, mène à Croisset; cette direction, toutefois, nécessite une certaine connaissance de la localité, car il faut d'abord gagner les hauteurs par un petit chemin et, de là, se diriger à travers bois sur le rond-point du Chêne-à-Leux.

Pour cette cause, nous recommanderons le second itinéraire, dont les agréments rachètent, d'ailleurs, le parcours un peu plus considérable. Pendant toute la belle saison, les grands talus qui supportent les murs du parc sont garnis de fleurettes plus jolies les unes que les autres. En février-mars, on y peut recueillir, jusque sur les plates-bandes de la chaussée, une fleur singulière. Figurez-vous une asperge courte et menue, sortant de terre et couronnée d'une fleur d'un beau jaune; n'en cherchez pas les feuilles, vous ne les trouveriez pas; elles ne croîtront qu'en avril, et c'est leur forme caractéristique qui a donné le nom à la plante : le *Pas d'âne (Tussilago farfara)*. Les fleurs, recueillies en mars et séchées, sont excellentes en infusion dans la bronchite légère, seules ou associées au coquelicot, à la mauve, à la violette, au bouillon-blanc, etc.

Les Polygalas roses, blancs, bleus, dont les petites fleurs simulent la miniature d'un oiseau qui vole, les Véroniques, les Bugles, les Epervières, le Lierre terrestre, la Primevère officinale émaillent ces talus et offrent aux apprentis botanistes une récolte abondante et de détermination facile.

A gauche, le panorama est splendide, et les « *guides* » recommandent au touriste l'ascension de la côte de Canteleu, surtout au moment du soleil couchant. En effet, le spectacle est merveilleux.

A gauche, sur les hauteurs, le Mont-aux-Malades, Boisguillaume, la coupée de Darnétal, le Mont-Gargan, la ligne des falaises que dominent Bonsecours, Belbeuf, les Authieux ; sur les pentes, Rouen, ses édifices, ses multiples clochers ; plus bas, la Seine, aux sinuosités majestueuses, étincelante comme un fantastique serpent aux écailles métalliques, sillonnée de voiles blanches ou de steamers rapides ; de l'autre côté, l'immense presqu'île que recouvrent les masses sombres de pins de la forêt du Rouvray et les contreforts de la forêt de la Londe ; Quevilly, Couronne, Oissel, Saint-Etienne, Sotteville ; à droite, Croisset, Dieppedalle, Biessard, le Val-de-la-Haye.

Nous connaissons — très particulièrement — des gens qui se consolent de n'avoir vu ni les Alpes, ni les Pyrénées, ni la vallée de la Reuss, ni le col d'Andorre, en se repaissant les yeux, chaque fois qu'ils le peuvent et sans jamais s'en lasser, de la vue de nos côteaux et de nos vallons. Les rives de la Seine et celles de l'Andelle, les cadres délicieux qui les enserrent, les beautés naturelles qu'elles livrent à ceux qui les savent chercher, les braves cœurs qu'on y rencontre, en voilà tout autant qu'il en faut pour satisfaire les plus difficiles.

De Canteleu à Saint-Martin-de-Boscherville, la route coupe en deux la forêt de Roumare. Sur les côtés, nous retrouvons, çàet là, quelques plaques de Tussilage (nom scientifique du pas d'âne) ; dans les bois et dans les taillis, l'Anémone des bois, la Primevère à grandes fleurs, l'Oxalide, les Pentecôtes; assez communément, un petit arbrisseau qui porte le joli nom d'Airelle myrtille, et dont les fruits, mûrs en été, sont comestibles et d'une agréable acidité ; plusieurs espèces de Luzules ; la Pédiculaire des bois ; l'Aigremoine, fort utile dans certaines affections de la gorge ; la Verge d'or, le Sèneçon jacobée, le Fraisier et ses voisines, les Potentilles, la Bétoine ; l'Orpin reprise, précieux pour l'assainissement et la guérison des coupures ; les Stellaires, que leur blancheur — et peut-être aussi leur fragilité — ont fait surnommer « demoiselles », etc.

Sans doute, rien dans cette flore n'est susceptible d'éveiller les convoitises d'un botaniste de profession ; mais nous qui n'y entendons point malice, qui aimons les belles choses parce qu'elles sont belles et non parce qu'elles sont rares, qui demandons seulement à nos promenades de nous fournir un exercice salutaire, un spectacle agréable ou curieux et, au retour, un bouquet champêtre, nous serons servis à souhait.

LE GENÉTAY

L'excursion du Genétay est peut-être, avec celle de Saint-Georges-de-Boscherville où nous irons bientôt, la plus intéressante que l'on puisse faire dans nos environs. Il y a peu de localités aussi originales que ce hameau de 116 habitants, blotti à l'extrémité ouest et dans une échancrure de la forêt de Roumare. Le Moyen âge et la Renaissance y ont laissé d'importants vestiges, et il semblerait que l'action destructive du temps se soit ralentie dans ce coin perdu de la Normandie.

On peut aller au Genétay par Bapeaume, par Croisset ou par la cavée de Dieppedalle. De ces itinéraires, le premier est le plus simple, le dernier le plus agréable ; le second, un peu ardu, exige une certaine connaissance de la forêt, aussi nous contenterons-nous d'indiquer brièvement qu'il faut, pour le suivre, gagner le plateau par le raidillon qui serpente le long du parc de M. le baron Lefebvre pour, delà, rejoindre à travers bois la route de Sahurs et le sentier qui mène au Genétay.

Par Bapeaume, la route est facile, et l'on n'a pas à craindre de s'égarer. On peut prendre le tramway jusqu'à la barrière du Havre, monter à Canteleu et suivre la grande route jusqu'au rond-point du Chêne-à-Leux, où rayonnent huit chemins dont voici les directions :

Rond du Chêne-à-Leux.

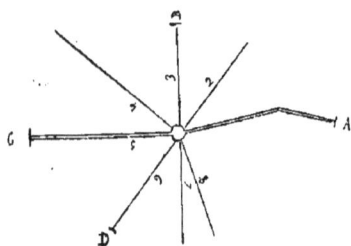

1. A Canteleu.
3. B Montigny.
5. C Saint-Georges-de-Boscherville.
6. D Le Genétay.
2. Ligne du Gros-Hêtre.
4. Route d'Hénouville.
7. Route d'Hautot.
8. Route de Dieppedalle.

Tournant le dos à Canteleu, on trouve à droite trois chemins : le premier conduisant au Gros-Hêtre, le deuxième à Montigny, le troisième à Hénouville. Devant soi, on voit se prolonger la grande route, qui descend à Saint-Martin-de-Boscherville. A gauche, on a également trois chemins : le premier menant à Dieppedalle, le second à Hautot et le troisième au Genétay. C'est celui-ci qu'il faut prendre. A douze cents mètres de là, on passe devant une maison de garde, derrière laquelle est une grande mare ; trois cents mètres plus loin, on est au Genétay.

Par Dieppedalle, il faut suivre la cavée jusqu'à l'endroit où elle trifurque, laisser à droite la sente de Canteleu, à gauche la route qui mène au rond-point du Hêtre-des-Gardes, et prendre le chemin creux à droite duquel s'ouvre une carrière basse et profonde.

La route est charmante. Le chemin s'encaisse entre des talus abrupts, dégradés par les eaux et tapissés de mousses, de fougères et autres plantes sylvestres. Çà et là, de petites excavations, envahies par le velours des mousses qui en capitonnent les aspérités, évoquent l'idée de grottes lilliputiennes, dont un lézard à la cuirasse métallique, faisant l'office de dragon, garderait les entrées.

L'Airelle-myrtille, qui porte au printemps, pareils à une perle de cire diaphane, ses grelots roses, est extrêmement abondante dans ces bois, où l'on rencontre aussi, de loin en loin, un arbrisseau assez recherché par les horticulteurs, le Daphné lauréole. Partout croissent, à profusion, les primevères, la petite pervenche, l'oxalide, la jacinthe, l'orobe et, dans les endroits un peu frais, la Cardamine des prés, une succédanée du cresson.

On monte ainsi jusqu'au carrefour du « Treize-Chênes ».

Le « Treize-Chênes » était un arbre gigantesque, contemporain du Gros-Hêtre et du Chêne-à-Leux. Son vaste tronc, creusé par les siècles, servait de cachette aux gardes, aussi les braconniers et les coupeurs de bois, dont il gênait singulièrement le trafic, lui firent-ils payer sa complicité avec les agents de l'autorité en l'incendiant, voilà quelque trente années. Il n'en reste plus que le souvenir.

Au carrefour du Treize-Chênes, six routes se croisent ; en arrière celle de Dieppedalle, à droite celle de Canteleu, puis celle du Chêne-à-Leux ; en face celle du Genétay ; après celle-ci le chemin de Quevillon par la Mare-des-Grès, enfin la route de Sahurs.

On marche à chemin plat pendant environ un kilomètre ; sur le sommet de cette crête, la végétation est moins active que sur les pentes, à cause de la sécheresse plus grande du sol, et se compose à peu près exclusivement de fougères, de bruyères et des essences communes à tous nos bois. On descend ensuite une pente assez roide, où reparaissent les fleurs du versant opposé ; on traverse la petite route de Canteleu à Quevillon ; on remonte, par le sentier qui fait face, une autre pente et, par une large avenue de pins, on arrive en face des vieux murs de la ferme du Genétay.

Cette ferme est entourée d'une double enceinte de murs épais. L'enceinte extérieure est crevée par places et interrompue vers l'ouest. On la franchit, pour entrer dans la ferme, par une large porte charretière, ombragée d'un immense noyer planté par les moines de Saint-Georges. On passe sous un premier corps de bâtiment, à usage de grange et de remise, élevé sur une triple arcade. La maison d'habitation est dans la cour plantée de pommiers, parsemée de violettes et de primevères de toutes les couleurs. On se trouve alors devant la seconde enceinte, à l'un des angles de laquelle se dresse, courte, massive et ventrue, une tour découronnée. Ce quadrilatère, d'aspect seigneurial, enclôt simplement un vulgaire champ de seigle. Jamais on ne vit moisson si bien défendue.

A cette hauteur, fait intéressant au point de vue géologique, le sol arable est sablonneux. Aussi un grand nombre des plantes que nous sommes accoutumés de rencontrer dans les plaines de Quevilly, Grand-Couronne et Saint-Aubin se retrouvent-elles au Genétay, en compagnie d'une rareté botanique, l'Ornithogale penché (*Ornithogalum nutans*, Linné).

Entre les enceintes sont deux mares, dont l'une, très belle, bordée de joncs, de véroniques, de plantains d'eau, d'ombellifères variées, couverte de pota-

Ferme du Genélay.

mots, peut fournir, à cause du voisinage de la forêt, d'intéressantes observations aux naturalistes, et fourmille d'énormes cyprins rouges. Elle est dominée, à l'une de ses extrémités, par un bouquet de grands hêtres. Cet ensemble forme un petit tableau exquis et fait pour séduire un aquarelliste.

A droite, la ferme et la cour-masure, avec ses pommiers; en face, la vieille tour, où a crû un merisier dont la tête s'arrondit au-dessus de l'ouverture béante, la deuxième enceinte, avec son épais chaperon de lierre, les mares, le bouquet de hêtres et, pour cadre, les grands pins toujours verts. On ne peut imaginer un coin plus délicieux.

A la ferme, on est assuré de trouver un bon accueil, du bon lait et une bonne omelette — le paradis d'un excursionniste, quoi!

A quelques centaines de mètres de la ferme se trouve un curieux édifice du XIIIe siècle, ancienne maison de Templiers, d'après M. l'abbé Cochet, simple dépendance de l'abbaye de Saint-Georges, suivant M. l'abbé Tougard. Cette construction, d'une conservation surprenante, est en pierre de taille; elle présente extérieurement une cheminée en saillie, une tourelle contenant l'escalier et une cave avec portique avancé. L'étage supérieur, à usage de grenier aujourd'hui, contient une cheminée dont l'âtre et le revêtement sont faits de ces minces pavés de brique qui donnent aux cheminées de cette époque un cachet si particulier. Les pièces prennent jour par une fenêtre en croix, encore pourvue, en 1888, d'un petit vitrail et de culs de bouteille; un ouragan a descellé de ses alvéoles de plomb le petit vitrail, et c'est grand dom-

Une maison de Templiers, au Genétay. — (Photographie de l'auteur.)

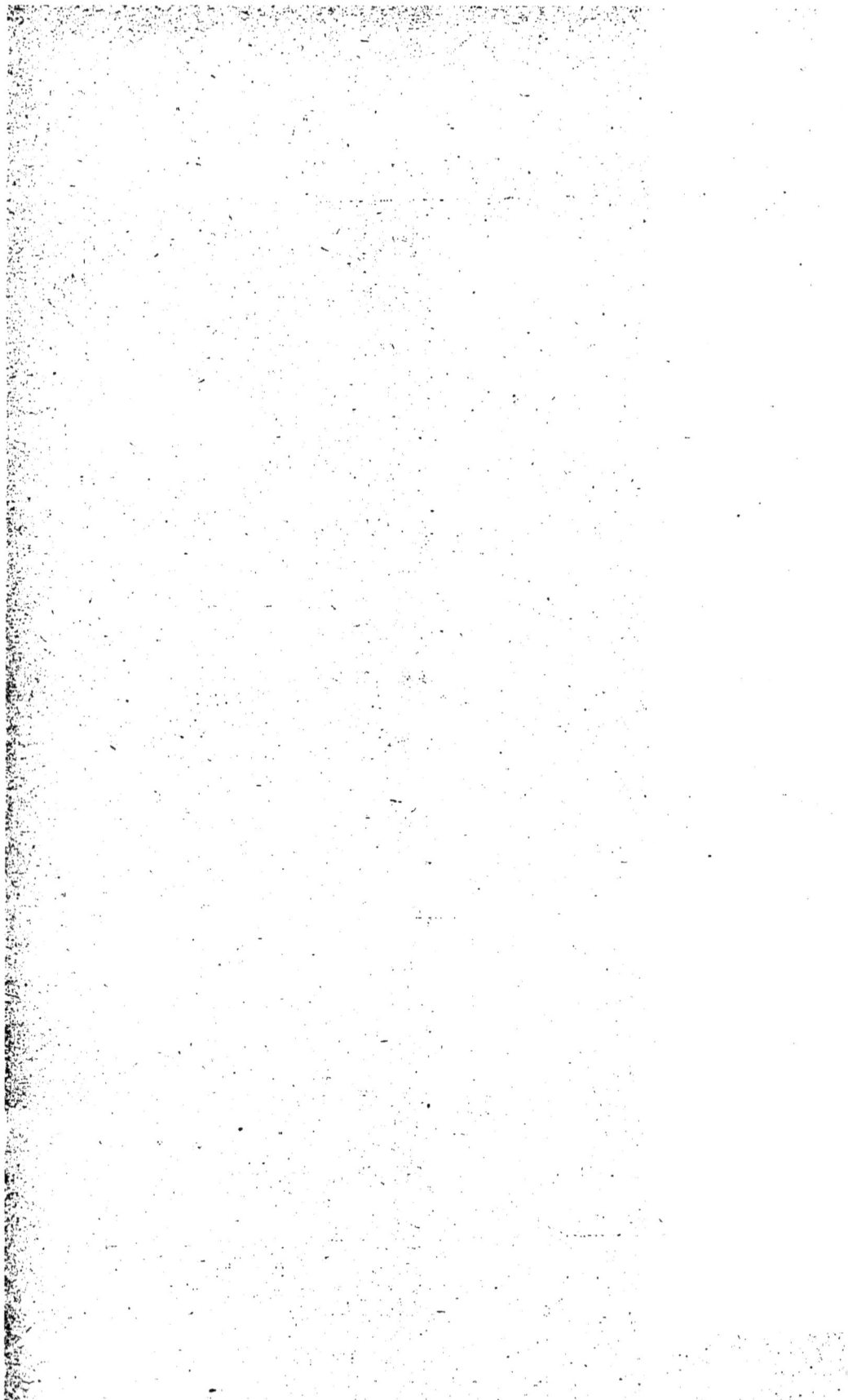

mage, car on n'a pu le restaurer, et c'est un vulgaire carreau qui le remplace.

En face de la porte d'entrée est un immense puits en pierre de taille, d'une merveilleuse solidité et dont la profondeur est d'au moins trois cents pieds. Les objets qu'on y jette mettent douze à quinze secondes avant d'en atteindre le fond et, tantôt coupant l'air, tantôt rebondissant d'une paroi à l'autre, envoient, des profondeurs de l'abîme, des bruits formidables et lugubres.

On croit que ce puits descend au niveau de la Seine et communique, par une ouverture latérale, avec le souterrain de l'abbaye de Saint-Georges.

Ajoutons que, près de la ferme du Genétay, sous les grands pins, s'ouvre une vaste excavation, obstruée par des éboulis et aboutissant à un puits insondé, où les habitants jettent, depuis des siècles, leurs bestiaux morts. On l'appelle le « Grand Puchot ». C'est un de ces vestiges de l'époque féodale si nombreux dans cette partie de Roumare.

En voilà plus qu'il n'en faut pour engager les promeneurs rouennais à faire le pèlerinage du Genétay.— Mais que disons-nous ? le pèlerinage proprement dit existe, et il s'accomplit à cinquante pas de l'antique maison des Templiers. Dans la cour de cette propriété s'élève la chapelle de Saint-Gorgon, où les bonnes gens des environs viennent frotter leurs infirmités contre les nombreuses statues de bois qui en garnissent l'intérieur. Ces images, un peu frustes et sans aucune prétention artistique, représentent Saint-Gorgon en brillant costume de chevalier, Notre-Dame-des-Nerfs et quelques autres vierges au vocable varié. Toutes

3

ces figurines sont, de la tête aux pieds, garnies de centaines d'ex-voto, mais ces ex-voto consistent exclusivement en jarretières de fil ou de coton ; il y en a de blanches, de moins blanches et de… très grises ; les

malades en prennent une paire et laissent les leurs en échange; les plus grises sont les plus recherchées.

Autrefois, la chapelle de Saint-Gorgon était un pèlerinage très suivi. En de certaines occasions, on y ressuscitait des traditions évidemment léguées par le paganisme, et jusqu'au commencement du xixe siècle, on y vendait d'étranges amulettes, échappant à la description, et dont les vitrines du Musée départemental d'antiquités possèdent des spécimens.

N'avions-nous pas raison de dire que l'excursion du Genétay était, à tous les titres, on ne peut plus intéressante? Elle a encore cet avantage, qu'on peut fort bien, en prenant le premier bateau du matin et en descendant à Croisset ou à Dieppedalle, la faire tout à son aise et revenir déjeuner à Rouen.

L'ABBAYE DE SAINT-GEORGES-DE-BOSCHERVILLE

SAINT-GEORGES-DE-BOSCHERVILLE.

L'EMBARRAS DU CHOIX. — L'ABBAYE.

Jusqu'à présent, chacune de nos excursions en Roumare a été calculée de façon à n'employer, à la rigueur, qu'une demi-journée, soit la matinée, soit l'après-midi. Cinq ou six heures suffisent en effet, et au-delà, pour une promenade au Gros-Hêtre, au Chêne-à-Leux, aux mares de la forêt, au Genétay ; mais, à moins d'aller simplement toucher barre à l'abbaye de Saint-Georges et d'en revenir au pas accéléré, sans y entrer, ce laps de temps ne suffirait point au touriste désireux de visiter cet admirable monument de l'époque romane.

Il est bien évident que je n'écris pas ici pour les nababs, c'est-à-dire pour ceux qui, à défaut d'un équipage personnel, ont les moyens de faire prix avec un cocher et de parcourir en voiture les 12 kilomètres qui séparent Saint-Georges de Rouen. Je parle pour ceux auxquels ces dépenses somptuaires sont interdites, pour cause de budget anémique, et qui s'en consolent d'ailleurs très gaillardement, confiants dans la vigueur de leurs jambes entraînées.

Il faut donc s'organiser de manière à passer toute une journée hors de chez soi. Si l'on emporte des vivres, la question du déjeuner est vite résolue ; on n'a plus que l'embarras du choix, d'abord du menu, ensuite de la salle à manger, car la bonne forêt est riche en appartements lambrissés de vieux chêne,

tapissés de verdures de haute lice. Si l'on compte déjeuner dans une auberge quelconque, on fera bien
d'écrire un jour ou deux à l'avance à l'un des marchands de vin établis auprès de l'abbaye, car si les
visiteurs ne manquent pas pendant la belle saison,
plus rares sont ceux qui demandent à déjeuner, et,
par conséquent, les provisions peuvent faire défaut.
Mais, bast! On trouve toujours bien une douzaine
d'œufs, du beurre et une poêle. Avec cela, le moindre
fromage, une large carafe de cidre et du pain à dis-
crétion, on est mal fondé à songer aux viscissitudes
de l'existence.

Nombreux sont les itinéraires à suivre pour aller à
l'abbaye : On peut s'y rendre par Déville, en traversant Montigny ; par Bapeaume, le Gros-Hêtre et le
Chêne-à-Leux; par Croisset et Canteleu; par Dieppedalle et le Genétay. C'est affaire de goût; ni l'un ni
l'autre ne sont fatigants, et chacun d'eux se recommande par des charmes particuliers. Le plus joli, mais
aussi le plus long, est le dernier ; on peut toutefois
l'abréger sensiblement en prenant, soit le bateau-
omnibus, au Pont-de-Pierre ou à la cale Cauchoise,
soit le bateau de La Bouille jusqu'à Dieppedalle. On
suit le chemin décrit dans le chapitre relatif au Genétay; on visite; dans ce curieux et joli hameau, l'antique ferme à la double enceinte fortifiée, la maison
des Templiers et la chapelle de Saint-Gorgon; par un
sentier, on arrive rapidement à Saint-Georges-de-
Boscherville.

Je confesse qu'une partie de ma prédilection pour
cet itinéraire est due à l'adorable petit bois qu'il faut
traverser en quittant Le Genétay pour gagner l'ab-

L'Abbaye de Saint-Georges de Boscherville (Photographie de l'auteur).

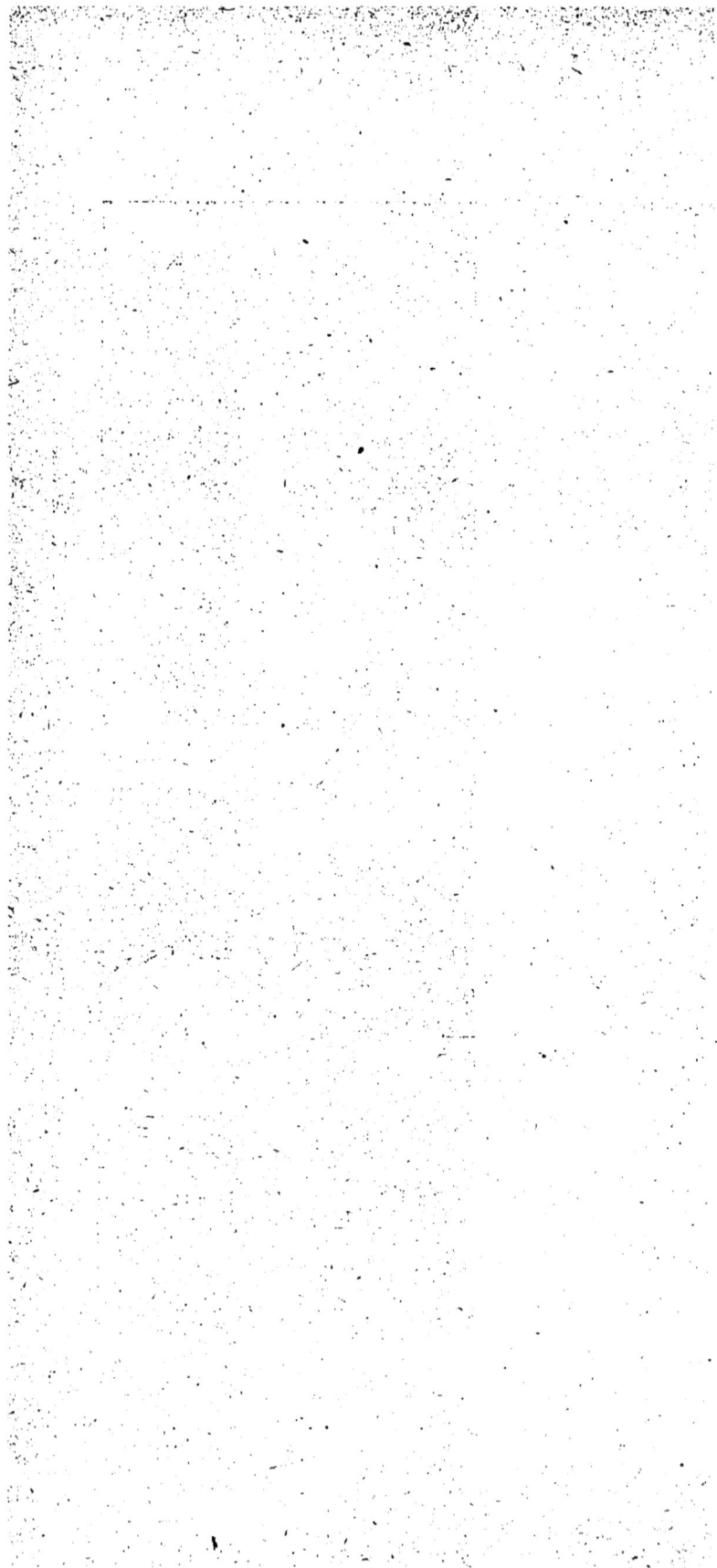

baye. C'est, à la fin d'avril et au commencement de mai,une merveille de grâce et de fraîcheur ; les légères frondaisons des jeunes arbres, le vert transparent des feuilles à peine déroulées, les fleurs de printemps , stellaires, jacinthes, pervenches bleues et blanches, puis, à travers la ramée, en haut, le ciel bleu, à gauche, de larges envolées sur la plaine et la Seine miroitant au soleil. — Voilà le chemin paradisiaque où vous marchez un quart d'heure durant. Puis au bout, l'abbaye apparaît dans sa masse imposante, tandis que les profondeurs de Roumare s'enfoncent vers l'est, et que, à gauche, dominant le fleuve, la Chaise de Gargantua dresse ses bras de calcaire blanc, en avant du dossier arrondi.

Par le Gros-Hêtre, la route est fort agréable aussi et très simple. Tournant le dos à Rouen, piquez droit devant vous en obliquant un peu à gauche. Vous rencontrez tôt ou tard la grande route de Duclair et la suivez jusqu'au bas des sinuosités qu'elle décrit en approchant de votre but.

Par Canteleu, c'est plus simple encore : Vous suivez tout bonnement la grande route , à partir de Rouen, si vous voulez, et ne la quittez que devant le chemin de traverse au bout duquel vous apercevez l'abbaye. C'est de tous les itinéraires signalés le plus court lorsqu'on prend le bateau jusqu'à Croisset, d'où un raidillon conduit rapidement auprès de l'église de Canteleu. Ensuite, tout droit.

L'abbaye de Saint-Georges est tout entière du xie siècle, à l'exception de quelques détails du xiie et de certaines additions du xiiie. C'est l'un des plus complets et des plus beaux édifices de style roman que l'on puisse voir en France.

La sixième travée du bas côté de gauche porte, au-dessous des armes des Tancarville, l'inscription suivante, qui rappelle la création de l'abbaye :

« *Par la pieuse munificence de Raoul de Tancarville, grand chambellan de Guillaume II, dit le Conquérant, duc de Normandie, cette église a été construite entre les années 1050 et 1066* ».

La conservation extérieure de ce monument historique est excellente. Mais, hélas ! on a lamentablement enlevé à l'intérieur l'aspect original que la sévérité du style et la naïveté de l'ornementation sculpturale lui donnaient ; une couche d'un jaune trivial badigeonne les murs et les piliers et produit l'effet le plus malheureux.

A droite de la façade se trouve, au fond d'une vaste cour, une ferme. Il ne faut pas oublier de franchir le seuil de la porte, car la cour renferme une charmante salle capitulaire, de style ogival naissant, de la fin du XIIe siècle.

Dans la cour, des statues mutilées, des fûts de colonnes brisés, des pierres verdies par la mousse, un vieux puits avec son arcature de fer, sont à peu près tout ce qu'il reste du cloître construit là au XIVe siècle. De même qu'au Genétay, on peut recueillir à Saint-Georges une rareté botanique, la Scropulaire printanière *(Scrophularia vernalis)*, que j'ai rencontrée, en avril, à l'entrée du chemin d'Hénouville ; elle y est assez abondante, et je ne sache pas qu'elle ait jamais été signalée sur un autre point de la Seine-Inférieure. Dans le même endroit, croît aussi l'Agripaume *(Leonurus cardiaca)*.

L'excursion de Saint-Georges-de-Boscherville est

certainement l'une des plus belles que l'on puisse faire.
Elle n'a qu'un tort : celui d'être à notre portée et peu
dispendieuse. Ah! si l'antique abbaye et les jolis pays

Une rue à Saint-Georges-de-Boscherville.
La cour du Chapitre.

qu'il faut traverser pour s'y rendre étaient en Suisse ou
en Espagne, combien de Rouennais, qui ne l'ont
jamais vue, soupireraient de ne pouvoir faire le
voyage !

LA PIERRE MÉGALITHIQUE

Lorsque du Gros-Hêtre on veut gagner le Chêne-à-Leux autrement que par la route qui traverse Montigny, on descend le talus en face du Gros-Hêtre, on suit un sentier entre le taillis à gauche et un champ à droite, puis on oblique à droite, et on monte une pente qui, par un bois de pins, mène à destination. Un peu avant d'y parvenir, on coupe deux larges lignes forestières, perpendiculaires à la route de Duclair; au milieu de celle qui aboutit au village de Montigny, on voit se dresser un énorme grès dont la présence en cette endroit intrigue toujours les promeneurs les plus indifférents.

Ils ont devant eux un de ces monuments mégalithiques de l'époque Celtique, désignés sous le nom de *menhirs* ou *peulvans*, et dont l'origine est aussi ancienne que mal connue. Sépultures, pierres commémoratives, idoles des premiers Aryens, les opinions sont variées sur ce point, et si vous m'en croyez, nous ferons modestement le tour de notre monolithe sans essayer de les départager.

QUEVILLON. — SAINT-PIERRE-DE-MANNEVILLE.

NE route et une grande grille. En - deçà de la grande grille, un botaniste, un photographe et son aide, dans l'équipement ordinaire ; au-delà, à trente mètres, un naturel unissant la ruse du serpent à la méfiance normande.

LE « PEINTRE SOLAIRE ». — Voudriez-vous, Monsieur, nous donner un renseignement?

LE NATUREL. — ?...

LE « PEINTRE SOLAIRE ». — Le château qui est à droite est-il le château de la Rivière-Bourdet ?

LE NATUREL. — J'sais point.

LE BOTANISTE *(narquois)*. — Oui, le fameux château où M. de Voltaire a résidé.

LE NATUREL. — J'ai point jamais connu personne de c'nom-là dans l'pays.

LE « PEINTRE SOLAIRE ». — Enfin, Monsieur, sommes-nous ici sur Quevillon ou sur Saint-Pierre-de-Manneville ?

Le Naturel. — Mais, vo d'vez l'savoir aussi ben comme mé.

A ce moment, le botaniste ouvre sa grande boîte et y place une mousse qu'il vient de recueillir sur un mur d'argile. Le naturel se met rapidement hors de portée de l'engin suspect et disparaît. On l'entend qui grommelle : « Qui qu'y veulent ces étrangeais...? Ça s'rait core ben d'z'espions ! »

N'allez point conclure de ce dialogue, textuellement rapporté, que le village de Quevillon ait de vagues rapports avec une île océanienne, sur la topographie de laquelle il serait imprudent d'interroger de trop près les indigènes.

C'est, au contraire, un fort joli petit pays, frais comme un mai fleuri, abondant en coins rustiques faits pour retenir l'aquarelliste. Seulement, on n'y voit guère de promeneurs, et notre paysan normand, à côté de tant de qualités, est volontiers enclin à croire que les gens de la ville ne lui parlent que pour se moquer de lui ou « le mettre en défaut ».

N'empêche que c'est une promenade fort recommandable et que recommencent volontiers tous les ans ceux qui la connaissent pour l'avoir expérimentée.

Rien que la lecture de l'itinéraire à suivre en donne l'idée.

Vous prenez, au premier départ de Rouen, le bateau de la Bouille, et vous descendez à Biessard. Le voyage est de ceux dont on ne se lasse pas, tant est enchanteur le panorama des collines depuis Croisset jusqu'au Val-de-la-Haye.

Arrivés à Biessard, attention ! Deux routes s'offrent à vous, l'une en aval du débarcadère, l'autre en amont. L'entrée de la première est ravissante, et je la recommande aux amateurs de paysages, mais pour aller à Quevillon, nous prendrons l'autre, qui est à une centaine de mètres en amont, c'est-à-dire en retournant vers Rouen. Une courte rue, puis un sentier, et l'on se trouve immédiatement en forêt, dans une ligne un peu bien montante, mais si ombreuse, si verte, si fleurie, qu'on arrive sans s'en apercevoir au sommet d'où, en se retournant, on jouit d'un beau panorama. Au premier plan, en bas, la Seine, puis les prairies de Quevilly, la forêt de Rouvray et, pour horizon, les coteaux de Saint-Adrien et des Authieux.

Ce temps de repos ayant rendu l'haleine aux poumons et la souplesse aux jarrets, demi-tour et droit devant soi, jusqu'à la maison de garde que l'on rencontre à gauche du chemin. Là, nous sommes au rond-point du Hêtre-des-Gardes, où rayonnent sept voies. Derechef, attention !

A. La Seine
B. C. Cavées de Biessard.
D. Rond du Hêtre-des-Gardes.
E. Rond de la Mare-des-Grès.
F. Quevillon.
G. Saint-Pierre-de-Manneville.

Nous sommes, n'est-ce pas, sur la ligne venant de Biessard, c'est-à-dire que nous tournons le dos à notre point de départ ? Comptons, en donnant le n° 1 au chemin que nous allons quitter : 1, route allant à Biessard ; 2, à droite, route de Dieppedalle ; 3, à droite, route de Canteleu ; 4, en face de nous, obliquant très légèrement à droite, route allant à la Mare-des-Grès ; 5, à gauche de celle-ci, route de Saint-Pierre-de-Manneville ; 6, à gauche, route de Sahurs ; 7, à gauche, route du Val-de-la-Haye.

Nous prendrons la route n° 5.

Ici se place une observation très importante pour ceux qui voudraient contrôler nos indications sur la carte au 1/100,000 publiée par la maison Hachette (feuille XIV-II, tirage de 1885) ; elle contient une erreur. Le rond-point qu'elle dénomme « Carrefour de la Mare-des-Grès » est, en réalité, le carrefour du Hêtre-des-Gardes. Le carrefour de la Mare-des-Grès est celui auquel mène la route n° 4 de notre tracé.

Nous suivrons la ligne 5, c'est-à-dire la route de Saint-Pierre-de-Manneville, jusqu'au carrefour où se dresse un très vieux charme. Nous la quitterons et prendrons la route indiquée sur le tracé et aboutissant à F, but de l'excursion.

C'est dans l'angle formé par la rencontre de la ligne 5 avec la ligne menant à la Mare-des-Grès que se trouve le petit marécage de l'Epinée, dont il sera question au chapitre suivant.

La route est très agréable, surtout aux abords de Quevillon à partir de l'endroit où elle descend en pente douce jusqu'à l'avenue. La pente de droite, éclaircie par une coupe récente, est couverte des jolies fleurs dont les bois se parent dès les premiers mois de l'année.

Le 16 février 1890, bien que depuis quinze jours la

température se fût sensiblement abaissée, le versant à
droite du chemin était, par endroits, littéralement
tapissé de primevères en fleur. A deux semaines de
là, une épaisse couche de neige les recouvrait.

Une splendide avenue d'ormes et de hêtres séculaires
s'ouvre au dernier tournant de la route et mène au
château de la Rivière-Bourdet, aujourd'hui propriété
de Mme la princesse de Montholon.

C'est une belle et importante construction du
xviie siècle. A différentes reprises, notamment en 1723
et en 1725, Voltaire y séjourna longuement ; le château
appartenait alors à la présidente de Bernières. Il y
composa ou tout au moins y acheva son poème héroïque, *la Henriade*. On sait que l'illustre écrivain se
plaisait fort en Normandie, et qu'il résida assez longtemps à Rouen et dans plusieurs localités des environs.

La route qui passe devant le château conduit, à
gauche (par rapport au promeneur qui regarde la
Seine), à Saint-Pierre-de-Manneville, et à droite, à
Saint-Georges-de-Boscherville.

Saint-Pierre-de-Manneville, pas plus que les diverses
localités riveraines de Roumare, ne manque de
fraîcheur et d'attrait. L'église, nouvellement restaurée,
offre encore des parties intéressantes, l'entrée surtout,
de style très pur. Dans le petit enclos de pierre qui
l'enserre, il y a un bel if, d'environ 2 mèt. 20 de circonférence.

On peut se restaurer chez le débitant de tabac.

J'ai souvent entendu les jeune artistes rouennais se
plaindre de n'avoir pas, dans les environs, l'accessoire
indispensable de tout paysage rustique qui se respecte :
le moulin-à-vent. Hélas ! la minoterie moderne a

envoyé le vieux moulin de nos pères rejoindre la vieille patache de nos aïeux dans le monde des vieilles lunes ; je ne nie pas, d'ailleurs, qu'au point de vue du pittoresque, le progrès n'ait journellement des conséquences désastreuses.

Eh bien ! que les amateurs de moulins-à-vent se consolent : en cherchant bien on en trouverait peut-être encore une demi-douzaine dans les environs. Soquence, auprès de Sahurs, en possède un, et Saint-Pierre-de-Manneville aussi.

Le moulin de Saint-Pierre est, à la vérité, très délabré ; il n'a plus que deux ailes ; par endroits, les planches tombent sous les assauts des rafales d'hiver ; tout de même il a encore grand air sur la côte où sa robuste carcasse se profile vigoureusement, et il vaut un coup de crayon sur un album.

Si, étant à Quevillon, au lieu de tourner à gauche on prend à droite, on rencontre la petite église de Quevillon, qui n'a rien de bien intéressant, puis, à droite, un chemin qui, par le Val-du-Phœnix, conduit à Canteleu. Il est charmant en été, ce chemin bordé de chaumines et de haies où abonde, à l'état sauvage, le Groseiller épineux (*Ribes uva crispa*). En le suivant pendant un kilomètre et demi et en prenant à gauche un sentier assez roide, on gagne bientôt la ferme du Genétay dont il a été parlé plus haut.

Enfin, si au lieu de prendre le Val-du-Phœnix on continue à suivre la route, on arrive à Belaître où subsistent les vestiges d'un ancien château ; on en peut apprécier l'importance à l'étendue des vieux murs dont une partie reste encore debout, sans doute par la force de l'habitude.

<hr>

LES MARES

LES MARES DE LA FORÊT. — SPHAIGNES, PLANTES AQUATIQUES, TRITONS

Les mares ? Très précieuses pour les cerfs, biches, chevreuils et sangliers qui vont s'y abreuver, mais pour nous, promeneurs, qui n'avons pas le moins du monde l'envie de recourir à ces « bars » sylvestres, quel intérêt peuvent-elles bien présenter ?

— Attendez un peu ; avant de passer dédaigneusement devant elles, dites-moi d'abord si vous n'êtes pas un peu naturaliste. — Non. — Tant pis pour vous. Et l'horticulture ne vous plaît pas davantage ? — Si fait ; au moins l'horticulture en chambre. — Bon, vous y arrivez. Et n'avez-vous pas quelquefois pensé à un aquarium, fût-il un simple bocal, où vous vous récréeriez à voir les ébats de bêtes autres que le banal poisson rouge, hôte habituel de nos bassins et, aussi, de la devanture de nos restaurants ? — Oui, mais y met-on autre chose que des cyprins blancs, rouges, jaunes ou noirs ? — Parfait, nous y voilà. Je savais bien que vous finiriez par vous y intéresser aussi, à nos bonnes mares de la forêt.

En Roumare, elles sont assez nombreuses. Quelques-unes ne sont que des flaques, des trous plus ou moins étendus, souvent assez rapprochés pour former une sorte de marécage, comme les mares de l'Epinée ; d'autres, ronds et larges, sont presque de petits étangs, comme la mare des Grés.

Les premières sont, pour la plupart, remplies d'une sorte de mousse particulière aux étangs et aux marais, et que l'on nomme sphaigne. C'est le *Sphagnum* des horticulteurs, si précieux pour la culture des plantes sans terre et surtout des orchidées épiphytes. On se le procure souvent à grands frais, car il y a des contrées où il manque absolument. Or, il abonde dans la forêt de Roumare et particulièrement dans le triège dit de l'Epinée et qui forme un triangle scalène, dont l'hypoténuse est tracée par la route de Canteleu à Sahurs. C'est là que vont s'approvisionner, avec l'autorisation de l'Administration des forêts, le Jardin-des-Plantes de Rouen et les horticulteurs des alentours.

Voici l'itinéraire le plus simple à suivre : prendre le bateau jusqu'à Dieppedalle, monter la cavée jusqu'à un rond-point, dit du Hêtre-des-Gardes, où convergent sept routes ou voies forestières ; on remarque là, à gauche, une maison de garde ; on passe devant, en suivant la belle route de Sahurs à peu près pendant quatre cents mètres ; le petit marais de l'Epinée est à droite de la route, dans le triangle dont le sommet s'appuie à un carrefour au milieu duquel s'élève un charme noueux et chargé d'ans.

Outre le sphagnum et la plupart des plantes communes à toutes nos mares, on y rencontrera une gentianée, le *Ményanthe* ou *Trèfle d'eau*, aux jolies fleurs éclosant en mai et dont l'ancienne médecine utilisait les propriétés toniques et fébrifuges.

Car il est un fait remarquer et bien connu des botaniste : dans tous les endroits marécageux, où gîte la fièvre paludéenne, la nature semble avoir mis le remède à côté du mal; le Saule, dont l'écorce est un puissant fébrifuge, le Ményante, le Myrica ou Poivre royal, etc.

Les autres mares de la forêt renferment en abondance des joncs, l'*Alisma* ou *Plantain d'eau*, le genre nombreux et si varié des *Potamots*, des *Renoncules*, le *Lycope*, la *Véronique beccabungue*, en un mot toute une flore curieuse.

Voilà pour la botanique. Mais il est entendu que vous n'êtes point botaniste; c'est, pour le quart d'heure, l'aquarium qui vous intéresse. Va pour l'aquarium.

Je vous dirai cependant que la première chose à faire est de le garnir, cet aquarium, d'abord d'un fond de sable de rivière avec de petits galets et quelques coquilles, d'une pierre irrégulière et perforée qui, émergeant à moitié, simulera le récif où viendront se reposer les tritons, enfin de quelques plantes dont l'élégance charmera nos yeux et qui nous éviteront l'ennui de renouveler l'eau, car elles se chargeront de la maintenir pure. Ensuite, nous le peuplerons, et joliment, et curieusement, en donnant quelques coups de troubleau dans nos mares.

Le troubleau est une poche en forte toile d'emballage, munie d'un cercle de fer adapté au bout d'un long et solide bâton. Chaque fois qu'à l'aide de cet engin nous fouillerons une mare, surtout aux endroits couverts de plantes, nous ramènerons : des tritons,

En Roumare. — Un Charme.

des coquilles, des insectes, des grenouilles, souvent des cyprins rouges ou gris et, de février à avril, des couples de crapauds tendrement enlacés. Ceux-là, nous les rejetterons à l'eau, à moins que nous n'ayons un jardin ou un potager, où ces bienfaiteurs méconnus feront merveille en le débarrassant de ses limaces.

Les Tritons, vulgairement salamandres d'eau, lézards d'eau, sont de quatre espèces : le *crêté*, le *palmé*, le *ponctué*, l'*alpestre*. Tous sont fort jolis, le dernier surtout, au temps des amours, de février à fin avril. L'*alpestre* est un merveilleux petit animal, à la robe verdâtre avec une ligne dorsale jaune et noire, au ventre orangé vif, avec, sur les flancs, une bande bleu d'azur sur une ligne argentée. Rien de plus joli, de plus inoffensif que cette bestiole agile qui, facile à apprivoiser, vient prendre elle-même le ver de terre ou la parcelle de viande qu'on lui offre. Les insectes, carnivores aussi, sont souvent de grande taille, comme les dityques, les hydrophiles qui, dans l'eau, paraissent lamés d'argent, parfois, ô rareté ! les *Cybister*, admirables nageurs à la robe d'un beau vert-olive vernissé. Je mentionne seulement pour mémoire les gyrins, les colymbètes, les phryganes aux fourreaux bizarres, faits de graines ou de menues coquilles, etc.

Ne pensez-vous pas maintenant que, jusque dans ses mares, notre forêt a de quoi justifier ma prédilection et les nombreux pèlerinages dont je vous indique et le but, et le chemin ? Eh bien ! vous n'aurez que l'embarras du choix, car elles y abondent. Voici, dans tous les cas, celles d'où vous êtes assurés de ne jamais revenir bredouilles.

Mares de l'Epinée, déjà citées ; mare des Grès ;

grande mare à droite de la route conduisant de Bapeaume à Montigny par le bout de Canteleu ; mares
du Genetay ; mare derrière la maison de garde à droite
de la route allant du Chêne-à-Leux au Genétay.

Ce chapitre va clore notre série d'excursions dans
la forêt de Roumare. Nous ne dissimulons pas une
certaine préférence pour ce beau plateau, et si nous
avions besoin d'une excuse, on la trouverait dans le
nombre et la variété de ses sites, des particularités
intéressantes qu'il renferme et des charmantes localités égrenées comme un chapelet sur toutes ses
lisières.

III

LIGNE DE ROUEN A ELBEUF

LES DEUX QUEVILLY

LIGNE D'ORLÉANS. — PETIT-QUEVILLY. — MANOIR QUEVAL.
GRAND-QUEVILLY. — LA FERME DU GRAND-AULNAY.
LA FLORE DES TERRAINS SABLONNEUX ET DES RUISSEAUX.
LA FAUNE. — SUR LES BERGES DE LA SEINE.
PARFUMEZ VOS TABATIÈRES.
TROIS ÉPAVES. — L'INSTINCT MATERNEL.

— La ligne d'Elbeuf à Rouen ? laquelle ?

— La vraie, c'est-à-dire celle qui, de la baraque en
planches située sur la place Saint-Sever et décorée du
nom trop définitif de gare provisoire, relie Rouen à
Orléans en passant par Elbeuf et Louviers. L'autre
ligne, celle de Serquigny, ne dessert Elbeuf que par
la station de Saint-Aubin. Admirons en passant ce
trait d'une grande compagnie qui, pendant près de
quarante ans, a systématiquement privé de gare deux
des premières villes industrielles de France, Elbeuf et
Louviers, en éloignant d'elles son tracé ; c'est à l'Etat
qu'elles doivent d'être enfin en communication directe
avec le centre de la France par Orléans, et avec l'ouest
par Rouen,

L'utilité de cette nouvelle ligne était cependant grande ; ce qui le démontre bien, c'est que, depuis son inauguration, l'autre est complètement délaissée, sauf par les voyageurs qui l'empruntent pour aller au-delà d'Elbeuf, dans la direction de Serquigny.

Le Manoir Queval, à Petit-Quevilly.

Mais est-ce bien seulement son extrême commodité, la fréquence des trains qui la sillonnent, la rapidité du parcours qui lui valent, surtout en été, une affluence de voyageurs telle que c'est par milliers qu'on peut les chiffrer à de certains jours ?

Non. C'est aussi parce qu'elle est extrêmement agréable, qu'à l'aller et au retour elle déroule sur la Seine de merveilleux horizons, et qu'elle mène à des stations dont chacune d'elle se recommande aux promeneurs par un attrait particulier.

Ces stations ou haltes sont, en partant de Rouen :
Petit-Quevilly, Grand-Quevilly, Petit-Couronne, Grand-
Couronne, Moulineaux, les Rouvalets, Elbeuf. Les
localités au-delà d'Elbeuf excédant le cadre de ces promenades, nous ne les mentionnerons pas.

Petit-Quevilly, en tant que but d'excursion, ne pré-

Vieille porte, à Petit-Quevilly.

sente plus rien de bien curieux. Signalons cependant : Dans le quartier des Chartreux, les restes d'une
maladrerie fondée en 1183 par Henri II; on y voit
encore les ruines d'un cloître du xviie siècle et la chapelle Saint-Julien, classée comme monument historique et dont la construction est du xiie siècle ; —
dans la rue du Manoir-Queval, une belle porte
Louis XIII; — enfin, non loin de la mairie, la porte
d'entrée, encore intéressante par son style et ses hauts-
reliefs, d'une demeure seigneuriale dont il subsiste
quelques bâtiments.

Grand-Quevilly est déjà un but de promenade plus
agréable, que l'on s'y rende par les bords de la
Seine, ce qui est assez long, ou que l'on y aille en che-

min de fer, ce qui est l'affaire de quelques minutes et coûte peu cher, le prix des billets d'aller et retour étant de 0 fr. 85 pour la 1re classe, de 0 fr. 60 pour la 2me classe, et de 0 fr. 35 pour la 3me classe. On peut encore prendre un terme moyen, c'est-à-dire le tramway jusqu'au rond-point de Petit-Quevilly et de là, soit par la grande route, soit par un chemin vicinal que l'on trouve à droite, gagner Grand-Quevilly.

Le nom de Quevilly, dérivé de *Quevilliacum* puis de *Chevilli*, signifie « rangée de chevilles ». M. l'abbé Tougard dit que ce nom vient d'un parc enclos de palissades que les ducs de Normandie avaient pour leurs chasses. Ils y ont d'ailleurs laissé des souvenirs durables. Ils y possédaient de vastes bois, entre autres les fermes du Grand-Aulnay et du Petit-Aulnay, qui appartiennent aux Hospices de Rouen. Le Grand-Aulnay fut donné aux hôpitaux de Rouen par Richard Cœur-de-Lion en 1197. Une plaque, scellée sur la façade de la maison d'habitation, rappelle la date de cette munificence. Cette belle ferme, dont les abords ont un certain caractère de grandeur, tant du côté de la Seine que du côté des champs, est depuis de longues années occupée par M. Lecointre et ses enfants. Ce sont de braves et hospitaliers normands, par lesquels les visiteurs sont toujours cordialement accueillis.

Le Grand-Quevilly eut beaucoup à souffrir des guerres de religion, car protestants et catholiques s'y livrèrent maints sanglants combats. Tout au commencement du xviie siècle, les huguenots y construisirent un très beau prêche circulaire à douze pans, haut de 60 pieds, ayant 90 pieds de diamètre et prenant jour par 60 fenêtres ; environ 11,000 personnes pouvaient trouver place dans ses trois galeries ; une bibliothèque très riche et une imprimerie y étaient annexées. A la révocation de l'Edit de Nantes, tout fut rasé. Il n'en reste plus de traces.

Signalons encore, avant d'aborder un ordre d'idées un peu différent, la magnifique avenue qui mène au château de Brissac et qui suffirait à constituer un but de promenade pour les rouennais.

Voilà pour les simples promeneurs. Aux botanistes, Quevilly, comme d'ailleurs Couronne, se recommande d'une façon spéciale. La flore des terrains sablonneux et des bords des eaux y est assez richement représentée pour que, de février à novembre, on y puisse herboriser à pleine boîte. Elle a été, pendant de longues années, minutieusement étudiée et décrite par feu M. l'abbé Letendre, chapelain du pensionnat.

Les botanistes y rencontrent quatre « habitats » distincts : les bois, les champs, les prairies, le bord des eaux.

A part certaines mousses, les bois sont pauvres en plantes intéressantes ; il en est autrement des champs et des prairies.

Dans les champs, on trouve en abondance une mignonne et charmante graminée, qui fleurit de la fin de janvier au commencement de mars et forme de petites touffes serrées d'un vert glauque d'où partent d'innombrables fleurs violacées. On ne peut rien imaginer de plus coquet que cette minuscule parente des fiers roseaux et des gigantesques bambous ; ses feuilles ont bien 3 centimètres de longueur, et ses épis le double ; Palisot de Beauvais l'a baptisée du joli nom de Mibora printanière *(Mibora verna)*.

Parmi les plantes rares ou peu communes que l'on peut récolter dans les champs sablonneux de Quevilly, il faut mentionner : au printemps, le Muscari *(Muscari racemosum)*, curieuse petite plante bulbeuse, aux fleurs en grelot azurées et d'un parfum agréable ; l'Ornithogale en ombelle, ou « Dame d'onze heures, » à cause du moment où s'ouvrent ses fleurs ; plusieurs espèces du genre ail *(Allium)* ; en été, les Dauphinelles *(Delphinium consolida, D. Ajacis)* ; la Saponaire, dont on peut se servir avantageusement pour le savonnage des lainages délicats ; la Centaurée du solstice *(Centaurea solstitialis)* ; la Jasione des montagnes *(Jasione montana)* aux fleurs d'un bleu lilas très doux ; la Spéculaire, ou miroir de Vénus, l'une des plus jolies fleurs des maisons ; la Cynoglosse officinale, le *Datura stramonium*, redoutable solanée, naturalisée dans les environs ; la Jusquiame, qui ne vaut guère mieux, abstraction faite des services qu'elle peut rendre à la médecine ; l'Agripaume *(Leonurus cardiaca)*, naguère fort préconisée dans les affections du cœur ; l'Aristoloche *(Aristolochia clématitis)*, douée de propriétés actives et encore usitée en pharmacie ; enfin, un trèfle très rare, signalé par M. l'abbé Letendre dans l'avenue du château, le *Trifolium subterraneum*.

Les prairies qui font suite aux champs jusqu'au chemin de hallage sont coupées de ruisseaux que les crues de la Seine et les grandes marées emplissent pendant plusieurs mois de l'année et où pullulent les épinoches, les petites anguilles, les tanches et toute une faune malacologique, limnées, planorbes, cyclades, etc. Au bord des fossés et dans la prairie, de très belles plantes, parmi lesquelles l'Euphorbe des marais (*Euphorbia palustris*), le Pigamon jaune (*thalic-trum flavum*), la Reine des prés (*Spirea ulmaria*), des véroniques, des orchidées et de nombreuses graminées. Ceux que la rareté des plantes intéresse moins que leur beauté ne manqueront pas de s'extasier, de mars à avril, devant les superbes populages qui ornent les rives des ruisseaux. Le Populage, *(Caltha palustris),* est une des plus belles plantes de la famille des renon-culacées. Ses feuilles abondantes et robustes, larges, orbiculaires, ses splendides fleurs jaune d'or, ver-nissées, aussi grandes souvent qu'une pièce de cinq francs, charment l'œil et tentent la main. Il est quelquefois plus facile de les convoiter que de les cueillir, quoique le seul péril que l'on courre soit de glisser dans soixante à quatre-vingts centimètres d'eau.

A côté, je citerai encore, dans les fossés, une très belle et très gracieuse primulacée, l'Hottonie des marais (*Hottonia palustris*), que l'on peut facile-ment cultiver chez soi en la mettant simplement dans un plat contenant de l'eau, des sphaignes ou de la tourbe; la Massette (*Typha angustifolia*); une bizarre fougère, la langue de serpent (*Ophioglossum vulgatum*); une très intéressante gentianée, la Villarsie (*Villarsia nymphoïdes*), abondante dans la Seine, entre Martot et Pont-de-l'Arche, surtout à Criquebeuf; l'Iris jaune (*Iris pseudo-acorus*); enfin, un des plus beaux orne-ments des mares et des étangs, le Butome en ombelle (*Butomus umbellatus*) qui porte, au sommet d'une longue et forte tige, toute une large ombelle de fleurs roses.

Aux malacologistes, j'indiquerai une intéressante espèce d'helix, l'*Helix arbustorum*, que l'on peut recueillir en nombre dans les buissons bordant les fossés des prairies de Quevilly, Couronne et Moulineaux. Cette espèce est abondante, surtout à Petit-Couronne dans les fossés parallèles à la route qui conduit à la Seine.

Quant aux berges de la Seine, elles offrent, pendant les trois mois de l'été, une luxuriance de végétation à défier toute concurrence. Les salicaires purpurines, les lysimaques jaune d'or, les menthes, les reines des prés élégantes et parfumées, les ombellifères, les composées, les campanules diaprent des couleurs les plus variées les deux rives du fleuve et fournissent en quelques instants d'immenses gerbes, parure, pour le reste de la semaine, de la salle à manger, voire du salon. A noter une jolie labiée, peu commune, la Scutellaire (*Scutellaria galericulata*) et la grande et belle Achillée (*Achillea ptarmica*) ; enfin, on trouve en abondance une plante qui mérite toute l'attention des bonnes ménagères : le Mélilot. (Une labiée, très précieuse pour ses propriétés bien connues de chacun, la mélisse (*Melissa officinalis*) a été rencontrée par M. l'abbé Letendre, sur les berges, non loin de la ferme de l'Aulnay). Le Mélilot foisonne entre Rouen et La Bouille. C'est une plante de la famille des papilionacées, à laquelle appartiennent les genêts, les trèfles, les luzernes, etc. Elle est aisément reconnaissable à ses feuilles composées de trois folioles, et à ses fleurs petites, jaunes, en grappes. Comme tant de nos végétaux indigènes, aujourd'hui délaissés pour des produits amenés à grands frais des contrées exotiques, notre Mélilot a de nombreuses propriétés médicinales, dont la plus connue est l'usage de son infusion pour les maladies des yeux. Ce n'est, toutefois, qu'à un titre plus modeste que je le recommande aux ménagères. A peine est-il sec, qu'il exhale un parfum doux et pénétrant, analogue à celui de la fève de Tonka. Il m'est arrivé d'en retrouver, au fond d'une poche d'habit, des débris datant d'une année et encore embaumés. Quelques poignées de notre Mélilot feront merveille dans l'armoire au linge et rivaliseront avec l'Aspérule odorante (vulgairement Muguet des bois), que l'on récolte dans nos bois pour le même usage.

Je viens de parler de la fève de Tonka, bien connue des priseurs. Nous l'avons à Quevilly, la fameuse fève, seulement, au lieu d'être une graine, elle est un des plus brillants insectes de la faune française. En juillet et août, par les journées de grand soleil, on trouve communément, sur les saules et sur les fleurs d'angélique sauvage, un insecte de 2 à 3 centimètres de longueur, aux formes élégantes, vert bronze, aux reflets de métal, avec de grandes antennes. C'est l'*Aromia moschata*, l'Aromie musquée ou capricorne à odeur de rose, qui, ainsi que son nom l'indique, dégage un arôme agréable et assez persistant pour que, dans maints pays riverains de la Seine, les priseurs mettent dans leurs tabatières le corps d'un de ces longicornes.

Encore une mention avant de poursuivre notre itinéraire.

Les voyageurs africains prétendent que l'on reconnaît, dans le désert, la route des caravanes aux épaves funèbres semées sur leur parcours. On peut actuellement voir à des indices analogues, entre Petit-Couronne et Petit-Quevilly, la direction que suivent les

pétroliers à destination de Rouen. D'immenses car-
casses de fer ou de bois, à jamais envasées dans le lit
du fleuve et échelonnées sur trois points, rappellent
aux promeneurs de terribles catastrophes.

Le 20 juillet 1888, à midi, l'*Asturiano*, navire en fer
de près de 1,200 tonneaux, flambait avec 7,000 barils
de pétrole. La péniche *Juliette*, qui contenait elle-
même 1,200 futs, s'enflammait peu après. Six hommes
périrent dans les flammes. Le montant des pertes s'é-
leva à plus d'un million.

Le 19 décembre 1889, à dix heures et demie du
matin, une catastrophe semblable amenait la perte du
Fergusson qui, amarré au ponton du bassin à pétrole,
flambait en quelques heures, causant la mort d'un
homme. Ce sinistre dépassa un million de francs.

Me sera-t-il permis de consigner un trait, touchant
au possible, de l'amour maternel chez les animaux?

Au moment où l'explosion crevant le pont du *Fergusson* livra passage à des tourbillons de flammes et de
fumée, on vit, sur la partie encore intacte du steamer,
une chienne affolée et hurlante qui cherchait à pénétrer dans la cale. En vain son maître l'appelait; toujours elle tournait désespérément autour de l'infran-
chissable brasier. Cependant, l'incendie la gagnant
elle sauta sur l'appontement. Elle était sauvée, quand
on la vit se retourner, dresser les oreilles puis, avec
un cri lamentable, bondir de nouveau sur le navire et
disparaître dans la fournaise. La pauvre bête avait ses
petits à bord et, malgré l'horreur presque invincible
que les animaux ont pour le feu, n'avait pu résister à
la puissance, plus grande encore, de ce merveilleux et
adorable instinct que la nature a mis au cœur des mères.

LES DEUX COURONNE

Nous venons de voir que le plus grand des deux Quevilly est le Petit, dont la population dépasse 10,000 habitants, alors que celle de Grand-Quevilly n'excède pas 1.800 âmes. Cette conséquence du voisinage de Rouen ne s'est pas fait sentir sur les deux Couronne. La plus importante de ces communes est bien Grand-Couronne, chef-lieu du canton.

Petit-Couronne, sur la ligne de Rouen à Elbeuf, est la station qui vient après Grand-Quevilly.

Cette jolie localité est un lieu de pèlerinage pour les Rouennais, et surtout pour les touristes qui séjournent un peu dans la ville natale de Pierre Corneille.

Je ne me permettrai pas de rappeler à mes jeunes lecteurs que le grand tragique est né à Rouen le 6 juin 1606, dans une modeste maison de la rue de la Pie, mais je leur dirai que quelques-uns de ses chefs-d'œuvre furent sinon écrits, du moins conçus à Petit-Couronne, sous les frais et tranquilles berceaux de la petite propriété qu'y possédait son père, Maître des eaux et forêts.

La pioche des démolisseurs n'a pas respecté l'humble demeure où naquit le plus illustre des fils de la Normandie; elle eût cependant dû être sacrée pour ceux qui s'enorgueillissent à bon droit de pouvoir se dire

5

les citoyens de la ville natale de Pierre Corneille. Et ce n'est pas la pioche qu'il faut accuser de cet impitoyable vandalisme qui, sous prétexte d'élargissement, a fait disparaître du sol français en général, et de Rouen en particulier, tant de souvenirs précieux, tant de purs chefs-d'œuvre.

Au moins a-t-on la consolation d'avoir retrouvé la maison de Petit-Couronne, où Pierre et Thomas se plaisaient tant.

Acquise le 7 juin 1608 par Antoine Corneille, devenue plus tard la propriété de son fils aîné, Pierre, elle fut vendue par le fils de celui-ci en 1686, à Jacques Voisin, sieu du Neubosc; elle passa en diverses mains jusqu'en 1793. A cette époque, vendue comme bien d'émigré, elle devint la propriété de pauvres gens qui ne pouvaient même pas y faire les réparations les plus urgentes. On avait oublié depuis longtemps qu'elle avait été la demeure favorite du grand Corneille, quand, grâce aux souvenirs d'un vieux paysan, un historien local, M. Gosselin, parvint à retrouver l'acte d'acquisition de 1608.

Au moment où M. Gosselin découvrit la maison de Pierre Corneille, elle était dans le plus triste état. Frédéric Deschamps eut l'honneur de proposer au Conseil général de la racheter et de la restaurer, et l'assemblée départementale, tout entière, s'associa à sa louable initiative. Aussi, scrupuleusement reconstituée, rajeunie, entretenue avec soin, la vieille maison du xvie siècle, toute bâtie de robustes charpentes de chêne, ajoutera-t-elle certainement une suite de siècles à ceux qu'elle a déjà traversés.

Elle est devenue un lieu de pèlerinage pour les

La maison de Corneille, à Petit-Couronne.

Rouennais et les touristes étrangers. Un registre, couvert de signatures, de pensées et même de poésies,
plus ou moins dignes du sujet qui les inspira, mais

Vieux Colombier, à Petit-Couronne.

toutes dictées par un bon sentiment, atteste la ferveur
du culte dont jouit universellement la maison de l'auteur du *Cid*.

On se rend à Petit-Couronne par chemin de fer; le
trajet est fort court, et le prix en est minime; en
3e classe, le billet d'aller et retour ne coûte que cinquante centimes. C'est donc une excursion qu'il n'est
permis à personne de n'avoir point faite au moins une
fois en sa vie.

A l'entrée de la gare, un tronçon de chemin conduit à une rue descendant sur la route de Caen, qu'elle
traverse, et menant à l'église précédée d'un porche

qui ne manque pas d'originalité. Un très vieil if, qui mesure 2 mètres 25 à hauteur d'homme et a entendu gronder sur sa tête et à ses pieds maints orages de natures diverses, ombrage le terre-plein sur lequel elle est située. Une rue à droite, avant l'église, conduit à la maison de Pierre Corneille.

On remarque d'abord, à l'angle du mur donnant sur les prairies, une mare entourée de saules, où, de mars à avril, d'innombrables couples de crapauds modulent leur note de flûte d'un timbre si doux et si mélancolique.

Sur le mur de façade, entre la porte d'entrée, est gravée cette inscription :

CETTE MAISON,

QUI ÉTAIT LA PROPRIÉTÉ DE PIERRE CORNEILLE
ET AVAIT ÉTÉ ACHETÉE PAR SON PÈRE
LE 7 JUIN 1608,
A ÉTÉ ACQUISE PAR LE DÉPARTEMENT
DE LA SEINE-INFÉRIEURE
LE 28 JUIN 1874,
ET RESTAURÉE PAR SES SOINS EN 1878.

Au-dessus de la porte d'entrée, Pierre Corneille avait fait construire, pour lui et son frère, un petit cabinet de travail, détruit il y a une cinquantaine d'années et que, faute de documents suffisants, on a renoncé à réédifier.

Au centre d'une cour plantée moitié en jardin, moitié en verger, l'habitation s'élève, simple et cependant gracieuse sous son toit de tuiles, dont l'uniformité est rompue par le faîte élancé et pointu d'une sorte de tourelle carrée renfermant l'escalier. La maison est bâtie en pans de bois, recouverts de plaques en forme d'ardoises, et dont les intervalles sont remplis par un enduit de plâtre. Le Musée Cornélien est à l'intérieur. On a rassemblé dans les divers appartements ce que l'on a pu retrouver et acquérir d'objets ayant appartenu au poëte ; il y en a peu, mais le mobilier est du temps et d'un grand intérêt. Aux murs sont appendus les portraits de Pierre Corneille, parmi lesquels un admirable dessin à la plume, de Meissonier.

La salle principale du rez-de-chaussée est garnie d'une partie des couronnes offertes par les Sociétés rouennaises, à l'occasion du deuxième centenaire célébré en octobre 1884.

Dans le jardin, on remarque un vieux puits à margelle, contre lequel l'auge de pierre où s'abreuvait le cheval du poëte ; à quelques pas de là, une large pierre plate, supportée par deux autres pierres debout, lui servait de siége et de montoir : enfin, dans un angle du mur, le four où l'on cuisait le pain de la maison existe encore.

Il m'a semblé inutile de fournir ici une description plus détaillée de la maison de Pierre Corneille, le gardien qui accompagne les visiteurs leur donnant toujours les indications nécessaires.

Ce n'est pas la seule chose intéressante qu'il y ait à voir à Petit-Couronne. Sur la route de Caen, à gauche, un peu avant le chemin de la gare, on rencontre une habitation dont la façade a été refaite dans le goût moderne, qui est le mauvais goût ; mais dans la cour intérieure de la propriété, un édicule de forme peu commune présente une grande originalité. C'est un

colombier surmontant un puits à margelle muni de
son treuil. Ce colombier est supporté par quatre piliers
carrés de briques, au milieu desquels est le puits. Sur
la façade du colombier, au-dessus d'un ornement
bizarre de fers fichés dans un découpage en forme de
fer-à-cheval, est fixé un sujet en bois sculpté et peint,
dont le costume permet de supposer que l'artiste a
voulu représenter l'un des personnages de Corneille,
peut-être le Menteur : la toiture, carrée et pointue,
est surmontée d'une boule en faïence décorée. Tout autour sont des bâtiments du xve siècle, sinon du xive.

En 1838, une pierre druidique, analogue et contiguë
à celle que l'on peut voir encore à l'entrée de la forêt
et que l'on nomme la Pierre d'Etat, fut enlevée et trans-
portée au Cimetière-Monumental, sur le tombeau
d'Hyacinthe Langlois. Peut-être eût-il été préférable
de laisser ces monuments, contemporains des premiers Gaulois, à l'endroit même où la main robuste de
nos ancêtres les avait érigés.

L'excursion à la maison de Pierre Corneille peut se
faire aisément, retour compris, dans l'espace d'une
matinée ou d'un après-midi. Mais ceux qui dispo-
seraient de toute leur journée n'auront que l'embarras
du choix pour l'emploi de leur temps.

Les amateurs de sylviculture prendront le chemin
du petit vallon qui précède la gare et gagneront les
massifs résineux de la forêt de Rouvray. A peine y
seront-ils entrés, qu'ils pourront bien, à de certains
jours, se croire au milieu d'une escarmouche, ou tout
au moins en pleine ouverture de la chasse. Peut-être
même, s'ils ont trop appuyé sur la gauche, leur arri-
vera-t-il d'entendre au-dessus d'eux un bourdon-

nement singulier qui, pour commencer, laisse passer un léger frisson dans les veines de ceux qui l'ont entendu sur les champs de bataille. C'est le bruit des balles, que, dans leur pittoresque jargon, les troupiers appellent les mouches à miel. Brou! mieux vaut, n'est-ce pas, celles de Narbonne?

Le champ de manœuvres de la cavalerie et de tir de la garnison, naguère situé aux Bruyères-Saint-Julien, est maintenant en pleine forêt et domine, à gauche, le chemin en question. Donc, inutile de recommander aux promeneurs de ne s'y aventurer qu'à bon escient et lorsqu'ils se seront assurés que les exercices de tir n'y ont point lieu. Alors, ils y pourront recueillir, d'août à octobre, de beaux champignons, notamment le délicieux *Agaric élevé*, vulgairement appelé nez de chat. Mais là encore, une extrême prudence est de rigueur, car souvent rien ne ressemble plus à un bon champignon qu'un champignon vénéneux, et l'*Amanite grise* pourrait être confondue par des yeux inexpérimentés avec notre bon agaric. Or, une petite assiettée d'amanite grise dans l'estomac ou une balle du fusil Lebel à la même place amèneraient infailliblement un résultat identique.

Les amateurs du bord des eaux, les pêcheurs à la ligne, les botanistes, les malacologistes descendront à travers la prairie jusqu'à la Seine, où ils retrouveront la jolie flore déjà vue à Quevilly.

Au moment où s'achève ce livre, on continue une digue qui a pour but de combler ce qu'on nomme l'accul de Couronne, sorte d'anse formée par le fleuve. Les chasseurs et les naturalistes en regretteront la disparition. Les chasseurs, parce que, pendant les

mois propices, ils avaient chance d'y trouver d'intéressants oiseaux de passage, voire même le bel aigle
de mer, que l'auteur y a rencontré en 1882 ; les naturalistes, parce qu'à marée basse, le sable propre et fin
de l'accul était semé de centaines de coquilles, mortes ou vivantes, appartenant aux genres *Unio* (Mulette), *Anodonta*,
Dreissensia, *Cyclas*, *Paludina*, *Neritina*,
etc., etc.

La Néritine, quel bijou ! Une petite co-
quille grosse comme un pois, épaisse, décorée des nuances

Eglise de Petit-Couronne.

les plus fraîches, rose cendré, incarnat, jaune clair,
avec un lacis blanc entrecroisé.

Et la Mulette ! Bien belle aussi, avec ses zones mor-
dorées de vert et de bronze que coupent, dans certaines espèces, des bandes plus foncées rayonnant des
charnières. L'une d'elle s'appelle la Mulette des peintres *(Unio pictorum)*, parce que les coloristes s'en
peuvent servir comme de godets ou de palettes, tant
sa nacre intérieure est blanche et serrée.

Les anodontes, les mulettes, les néritines sont encore
des hôtes auxquels on peut offrir l'hospitalité de son
aquarium, fût-il une simple cloche de jardinier ren-
versée. Et ce n'est ni le moins commode, ni le moins
agréable.

MOULINEAUX.

MOULINEAUX. — EN TOUTE SAISON.
LA FORÊT. — L'ÉGLISE. — LA CHAPELLE DU MANOIR.
CARADAS OU CARADOS?
LA DIXIÈME MUSE. — LES RIVIÈRES DE MOULINEAUX.
A VOS PALETTES !

— Moulineaux ! Est-ce que, M. le guide, vous auriez la prétention de vouloir nous apprendre ce que c'est que Moulineaux ?

— Là ! Là ! Calmez-vous. Je n'ai point de prétentions, et celle-là moins encore que d'autres, s'il est possible. Je sais que la station de Moulineaux est devenue, depuis longtemps, la promenade favorite des Rouennais et des Elbeuviens. Mais convenez que si, dans cette revue des excursions à recommander, j'omettais Moulineaux, vous ne manqueriez pas de me tenir pour un cicérone bien incomplet. Et vous auriez cent fois raison.

N'ai-je point écrit que c'était une station ? Moulineaux n'a point cet honneur, Moulineaux n'est qu'une halte, quoique le mouvement des voyageurs y dépasse le mouvement total des stations comprises entre Elbeuf et Rouen.

Comment s'expliquer cette vogue persistante ? Par la merveilleuse situation de Moulineaux qui, adossé à la forêt de la Londe, regarde la Seine, s'accoude à droite sur Couronne, à gauche sur la Bouille, abonde en sites charmants et livre au touriste l'accès facile des hauteurs romantiques de Robert-le-Diable et des majestueux ombrages de la Maison-Brûlée.

Aussi, devant l'affluence croissante des promeneurs, les restaurants se sont-il multipliés, tant sur la route que sur les pentes boisées qui couvrent le tunnel. A ce propos, un petit conseil pratique : que ceux (et c'est, hélas ! le grand nombre) dont le porte-monnaie n'est point affligé de pléthore demandent la carte avant de laisser mettre le couvert, afin de s'éviter une de ces surprises qui font, après coup, trouver le déjeuner un peu salé et troublent la béatitude de la digestion. Je me hâte d'ajouter que cette recommandation ne vise point particulièrement les restaurants de Moulineaux, mais doit s'étendre à tous les cas où l'on se trouve dans des localités en vogue auprès des touristes.

Cela dit, prenons l'un des nombreux trains qui circulent, le dimanche, de 5 heures 30 du matin à minuit et demi entre Elbeuf et Rouen, et, rapidement parvenus à destination, descendons d'un pied léger la route qui ondule devant nous.

Allons-nous à Moulineaux même ? La Seine et la forêt sont à notre disposition. Même en hiver, celle-ci réserve à la classe privilégiée de ces gens qui, en campagne, trouvent le moyen de ne s'ennuyer nulle part, — j'ai nommé les naturalistes — d'intéressantes trouvailles.

Les botanistes y rencontrent les modestes et curieuses tribus des mousses et des lichens; au printemps, une plante rare, la Lathrée *(Lathræa squamaria)*, la Pulmonaire *(Pulmonaria angustifolia)*, aux feuilles veloutées et tachetées de blanc, aux fleurs bleues en grappes élégantes; un peu plus tard, plusieurs espèces

Moulineaux. — La Chapelle du Manoir et l'Eglise.

d'épilobes et de millepertuis, entre autres l'Androséme (*Androsæmum officinale*); la Belladone (*Atropa bella-donna*), etc., etc.

Les entomologistes (vulgairement ceux qui cherchent la petite bête), y captureront, même en temps de neige, sous les plaques de mousse qui protègent le pied des arbres, trois des plus beaux insectes de notre faune : le Carabe bleu (*Carabus intricatus*), le Carabe pourpré (*Carabus purpurascens*), et le Carabe brillant d'or (*Carabus auronitens*), au corselet d'or rouge sur des élytres d'émeraude.

Les malacologistes y récolteront en quantité, sur le tronc des arbres, l'Hélice lampe (*Helix lapicida*), l'Hélice des jardins (*Helix hortensis*), et plusieurs espèces de clausilies.

Quant aux promeneurs qui viennent chercher simplement de l'air pur, de beaux ombrages et des panoramas séduisants, ils seront servis à souhait, de quelque côté qu'ils dirigent leurs pas.

Moulineaux possède une église remarquable, construite au commencement du xiiie siècle et dont le jubé en chêne sculpté, du xvie siècle, est magnifique. Dans le cimetière qui l'environne et qui s'étage jusqu'à la route du bas, un bel if de 2 mètres 30 de circonférence étale sa noire frondaison. Au bas de l'église, la route mène à la chapelle de l'ancien manoir.

Les avis sur le nom et la qualité des possesseurs du manoir de Moulineaux sont très partagés. La plupart des auteurs écrivent qu'il appartenait aux Caradas, les gentilshommes espagnols propriétaires de la grande et curieuse maison de la rue de la Savonnerie, universellement connue sous le nom de « logis des Caradas ».

C'est la version qui se trouve consignée chez M. l'abbé Cochet, chez M. l'abbé Tougard, dans la notice de MM. Saint-Denis et Duchemin, etc. Ces divers auteurs se sont particulièrement appuyés sur les inscriptions qui existent dans la chapelle, et où figure le nom de Carados Garin.

Mais il semble résulter des recherches conduites avec autant de méthode que de sagacité par MM. le président Gougeon, de Beaurepaire et Bouquet, que Carados serait le prénom et Garin le vrai nom de famille. L'étymologie de Carados serait Caradeu, nom d'un saint Irlandais, que l'on retrouve en Bretagne, en Auvergne, et en Normandie, traduit par Caradec, Caradotus et, par contraction, Carados.

On avait assez naturellement pensé que Carados avait été écrit pour Caradas ; de là, l'origine de la légende sur la foi de laquelle les habitants de Moulineaux affirment, non sans une pointe de vanité, que le sang castillan coule dans les veines de beaucoup d'entre eux.

Maintenant, le Garin en question, avocat au Parlement de Normandie au XVIe siècle, était-il un descendant du Garin le Loherain dont le trouvère picard, Jehan de Flavy, a narré au XIIIe siècle les prouesses épiques en une « chanson » de quelques milliers de vers ? Encore une grave question que nous nous garderons bien d'élucider, laissant aux bénédictins de l'archéologie le soin de mener à bonne fin une besogne ardue, que, d'ailleurs, d'autres archéologues démoliront plus tard pour lui substituer une autre conclusion, non moins consciencieusement déduite quoique tout à fait différente.

Petite rivière de Moulineaux. (Photographie de l'auteur).

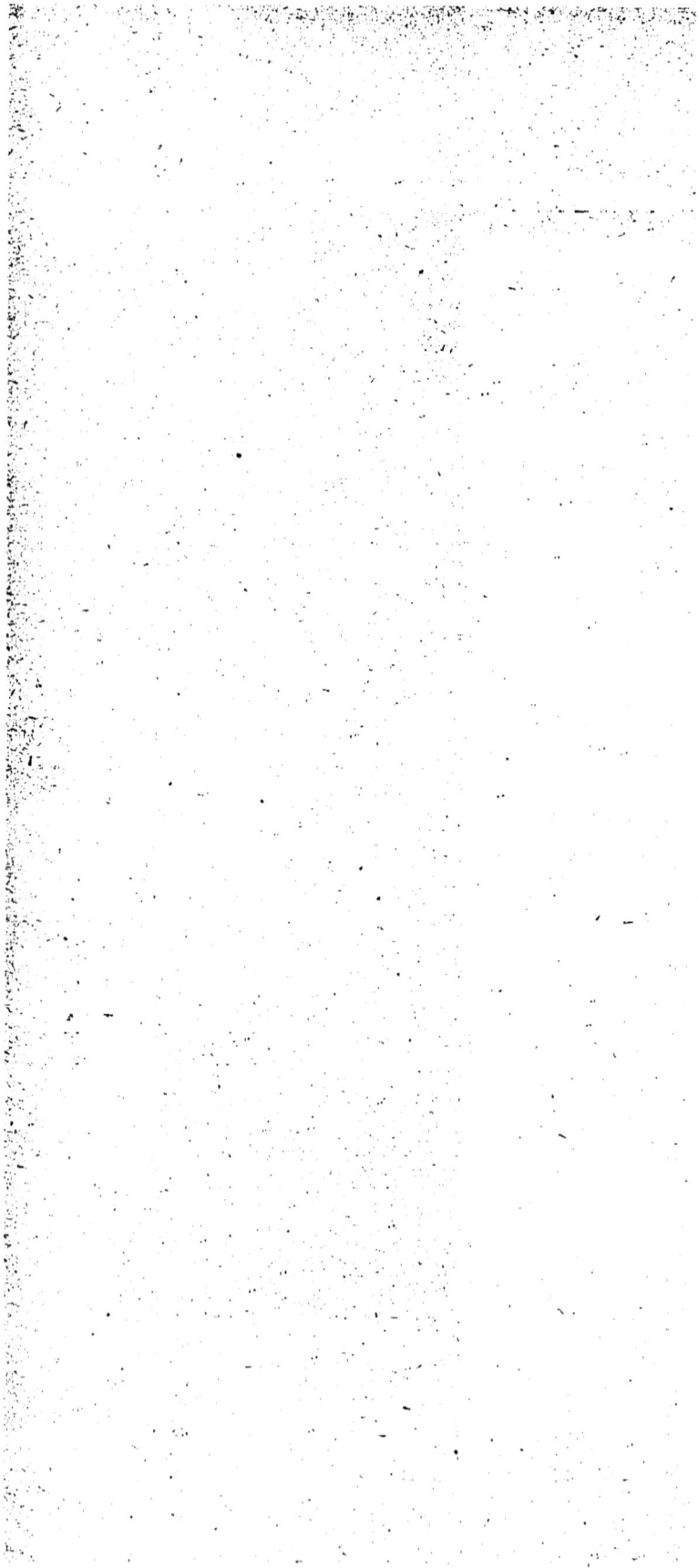

Un chemin parallèle aux ruisseaux aboutit, sur les berges de la Seine, à la Vacherie, où Mme Duboccage résida souvent. C'est là qu'au milieu d'un élégant et spirituel entourage, et en compagnie de Voltaire, de La Condamine, de Fontenelle, elle composa son poème *la Colombiade*.

On sait que Voltaire l'avait surnommée « la dixième muse ». Un soir de grande réception, que son amie s'était mise en frais d'esprit et de beauté, il prit une couronne de lauriers et la lui posa sur la tête en disant : « C'est le seul ornement qui manque à votre coiffure. » Et l'assistance, nourrie de la moelle des classiques, de murmurer : « *Formâ Venus, arte Minervâ.* » Ce latin n'était point pour braver l'honnêteté, car il signifiait : « Belle comme Vénus, savante comme Minerve », mais s'il faut en croire des biographes moins enthousiastes, il exagérait quelque peu la vérité.

Je viens de parler de ruisseaux. Ils n'ont rien de celui de la rue du Bac, que regrettait tant Mme de Staël, et l'on ne saurait trop s'en féliciter.

Les minuscules rivières de Moulineaux sont formées de la réunion de plusieurs sources qui sourdent du pied du coteau de Robert-le-Diable et coulent, au clair soleil, plus limpides que le cristal, sur un lit de cailloux tapissé de cresson, d'hippuridées, de callitriches et de fontinalides vert émeraude, à travers les jardins de cet heureux pays. Rien n'est plus frais et plus coquet que Moulineaux, quand les floraisons d'avril font pleuvoir sur ses eaux pures la neige des poiriers et des pruniers.

A signaler, dans les fossés des prairies, la présence

6

d'une de nos plus belles primulacées indigènes, l'Hottonie des marais, ornement des aquariums bien compris.

Une chose nous étonne, c'est que la peinture ou le dessin n'aient pas encore vulgarisé les nombreux « coins » tour à tour pittoresques, champêtres et idylliques que l'on trouve à chaque pas à Moulineaux. Ah ! si c'était aux environs de Paris ! Les Rouennais feraient le voyage pour les rechercher et en fixer le souvenir sur la toile ou dans l'album aux photographies. Mais si c'était aux environs de Paris, il est probable aussi que les Parisiens auraient déjà capté les sources, car le débit en est considérable. Félicitons-nous donc que leur situation les préserve du sort des eaux de l'Avre, et multiplions les promenades au bord des ruisseaux agiles, grâce auxquels le joli bourg où ils s'attardent le plus qu'ils peuvent en y multipliant les courbes rappelle un peu les villages suisses, blottis au pied des montagnes.

EN FORÊT DE LA LONDE.

EN FORÊT DE LA LONDE. — LE CHÊNE A LA BOSSE.
QUELQUES PLANTES. — LE HÊTRE DE L'IMAGE.
LES GROTTES. — LA FLOTTE ANGLAISE TRAVERSE LA FORÊT.
LES LONGS-VALLONS.
MARE MOUSSUE. — LE PAVILLON. — LA DAME BLANCHE
ET LE CHÊNE DE LA COTE ROTIE.

La forêt de la Londe est certainement l'une des plus intéressantes de la Normandie par ses accidents de terrain, la beauté de ses arbres et les souvenirs historiques se rattachant aux localités qui l'avoisinent.

Au chapitre consacré à Moulineaux, il en a été déjà question, mais il convient d'y revenir, car elle offre assez de particularités pour faire l'objet de plusieurs excursions.

On s'y rend d'Elbeuf par la côte Saint-Auct, les Rouvalets, Orival ou la station de la Londe ; de Rouen, par Moulineaux ou la Bouille.

Par Moulineaux, on gravit, tout près de la station, le souterrain de Maredotte. Au sommet de la côte, on coupe la route du Grésil, et à gauche, en tournant le dos à la ligne du chemin de fer, dans l'angle formé par l'intersection de la route du Grésil et du chemin de Maredotte, on remarque un très beau chêne, dont le tronc, à hauteur d'homme, mesure 3 m. 40, et qui est connu sous le nom expressif de Chêne-à-la-Bosse, à cause d'une énorme gibbosité que présente son tronc robuste.

Près de ce chêne s'ouvre un chemin creux qui descend vers les Longs-Vallons ; les bryologues pourront y recueillir une mousse rare, que nous n'avions encore observée qu'à Orival, le *Diphyscium foliosum*. Il y en a des plaques contre le talus de droite. Plus loin, au mois d'avril, on est certain de rencontrer de nombreux échantillons de cette belle et curieuse orobanchée dont il a été déjà parlé, la Lathrée écailleuse *(Lathræa squamaria)*, aux fleurs rose tendre en grappes courbées.

Arrivé aux Longs-Vallons, il faut passer sous le pont du chemin de fer, où, contre le talus qui précède celui du grand viaduc, on remarque de grosses touffes d'Astragale réglisse *(Astragalus glycyphyllos)* aux racines douces et sucrées.

Là, pendant l'été, croît à profusion le magnifique Laurier de Saint-Antoine (*Epilobium spicatum*), qui porte un long épi de grandes fleurs rose vif.

En poursuivant le chemin, on arrive bientôt à une clairière située au pied du coteau de gauche, et au centre de laquelle s'élève un hêtre, magnifique de force et d'ampleur. C'est le Hêtre-de-l'Image, dont le tronc, à hauteur d'homme, mesure 3 m. 60, et dont les branches centenaires encadraient, naguère, une châsse enfermant une statuette de la Vierge.

Si l'on oblique dans la direction du vallon de droite, on apercevra, à environ deux kilomètres de là, à mi-pente, des excavations qui sont les entrées des grottes du Hêtre-de-l'Image. Elles sont très profondes et ont certainement servi de refuge aux habitants de la contrée dans les temps où, traqués comme des bêtes fauves, ils étaient obligés de vivre comme elles. Ces grottes n'ont encore été explorées que par des naturalistes, qui y ont trouvé, accrochés aux parois, de nombreux chiroptères et un diptère envahi par une végétation cryptogamique inconnue jusque-là. Le savant mycologue Quélet a donné le nom de *Stilbum Kervillei* à ce champignon qui se développe sur la *Leria cœsia*.

M. Henri Gadeau de Kerville y a capturé quelques chauves-souris rares en Normandie, la Barbastelle commune *(Barbastella communis)*, le Vespertilion de Naster *(Vespertitio Nasteri)*.

Au fond des grottes, les explorateurs ont rencontré des blaireaux et des débris indiquant d'antiques festins de renards. Peut-être l'auscultation du sol amènerait-elle d'intéressantes découvertes.

Le nom romantique de ces grottes, l'aspect sauvage et mouvementé du site où elles s'ouvrent les désignent d'avance à l'attention du romancier qui, ajoutant aux données historiques les suggestions d'une imagination féconde, entreprendra le récit des événements dont elles furent probablement les témoins au moyen-âge.

C'est par les Longs-Vallons, en pleine forêt séculaire, que les Anglais accomplirent un incroyable tour de force.

En 1418, Henri V assiégeait Rouen, défendu par l'héroïque Alain Blanchard. Il avait établi, entre La Mi-Voie et le Port-Saint-Ouen, un pont de bateaux que les navires rouennais inquiétaient fort. Pour le défendre, il reconnut la nécessité d'amener sous Rouen sa flotte, ancrée près d'Elbeuf, mais le pont de Mathilde lui barrait le passage. Il avait déjà entrepris le creusement d'un canal partant du Nouveau-Monde, d'Orival, pour aboutir à Moulineaux; le temps le pressant, il y renonça et résolut de transporter, à force de bras, sa flotte à travers la forêt de La Londe. La hache abattit des milliers d'arbres aussitôt débités en tronçons, qui furent couchés parallèlement, en échelle, sur le chemin. Puis des masses humaines s'attelèrent à des câbles et tirèrent les navires jusqu'à la Seine. Rouen, déjà investi du côté de la terre, fut bloqué par le fleuve et pris par la famine.

Cette pointe poussée sur les grottes de l'Hêtre de l'Image, il nous faut rebrousser chemin et gravir la pente en face du Hêtre et au sommet de laquelle on trouve la ligne de Bosc-Bénard. En se dirigeant vers Orival, on rencontre une mare où fleurit le Nénuphar jaune. A gauche du chemin, sur l'herbe, l'œil exercé du botaniste distinguera de petites plaques rougeâtres, que l'on prendrait d'abord pour une végétation cryptogamique, et qui sont faites d'une minuscule crassulacée, peu commune dans nos environs, la Tillée mousse (*Tillæa muscosa*). On la trouve également au Madrillet, dans la forêt de Rouvray.

Si l'on veut regagner Elbeuf, il ne faut pas omettre une visite à la Mare moussue, non loin du Pavillon.

Elle est très vaste, au milieu d'une éclaircie dont un magnifique charme aux troncs multiples et soudés à la base marque l'entrée. Des botanistes y ont acclimaté toute une flore intéressante : l'Hottonie (*Hottonia palustris*), le Trèfle d'eau (*Menianthes trifoliata*), la Stratiote (*Stratiodes aloïdes*), etc.

En suivant l'avenue du Pavillon, on arrive à la côte Saint-Auct, où s'élève le beau Chêne-à-la-Vierge, dont les racines fouillent les fondations d'un temple romain. Au lieu de longer l'avenue, si l'on coupe à travers le bois, on atteint un sentier qui descend aux Rouvalets, où il y a une halte de la ligne d'Elbeuf à Rouen.

Nous avons ainsi traversé dans le sens de la largeur
la forêt de La Londe, en notant ce que nous y avons
observé de plus intéressant. Mais elle abonde en particularités dignes d'attention. Si, au lieu de descendre
aux Longs-Vallons, on se dirige vers Robert-le-Diable
et la Maison-Brûlée, on aperçoit, au Fond du chêne,
non loin de la route, le Chêne gigantesque de la Côte
rôtie. Comme tout bon vieil arbre sur lequel des siècles
ont passé, il a sa légende. La voici :

Il y a quelque deux cents ans, un bûcheron chemi-
nait sur le sentier par une froide nuit de Noël. La lune,
étincelante comme un miroir d'acier poli, découpait
en arêtes vives les cimes dénudées de la forêt, Au loin,
les loups hurlaient lugubrement, tandis que les hiboux
rayaient l'air d'un vol rapide, avec des cris plaintifs
qui jetaient l'effroi dans l'âme du superstitieux voyageur. Soudain, aux abords du Chêne, une blanche apparition se dresse, et, le vent s'élevant en bise aigre, il la
vit qui l'invitait à s'approcher. Ses jambes se dérobèrent
sous lui, et quand il les retrouva, ce fut pour s'enfuir
éperdûment à Moulineaux, où il arriva plus mort que vif.

L'aventure fit du bruit, et quelques esprits forts
taxèrent d'invention le récit du bûcheron. L'un d'eux
voulut le vérifier par lui-même et, à minuit sonnant,
s'aventura dans la direction de l'arbre enchanté. O
prodige ! A la clarté molle et bleue de la lune, il aperçut
le fantôme d'une femme voilée; immobile, elle attendait l'audacieux et, la main étendue, paraissait lui
ordonner de s'arrêter. Dès lors, personne ne douta
plus de l'apparition surnaturelle, et la légende en fut
conservée dans le pays.

Ce qu'il y a de curieux, c'est qu'elle avait sa raison
d'être. Au commencement de ce siècle, un voyageur,
qui ne croyait pas aux fantômes, passait à cheval près
du chêne. Il ne fut pas peu surpris de voir se détacher,
sur la masse sombre du fourré, la forme lumineuse
d'une femme enveloppée d'un long suaire et dont les
bras semblaient l'appeler à elle. Fort intrigué, il s'ap-
procha et constata que c'étaient les rayons de la lune
qui, découpés par les branches, donnaient la silhouette
d'un fantôme; quand le vent les agitait, le fantôme
paraissait se mouvoir.

Maintenant, j'avouerai en toute conscience que je
n'ai jamais eu même l'intention de contrôler l'exactitude du fait. Si attrayante que puisse être, par une
belle nuit d'hiver, l'évocation d'une légende en pleine
forêt de La Londe, elle ne saurait soutenir la compa-
raison avec les charmes du repos dans un lit bien
tiède. Que celui qui se sera relevé en décembre pour
aller voir la Dame du Chêne me jette la première
pierre !

LES ROCHES D'ORIVAL.

ELBEUF.— LES ROUVALETS.— LES ROCHES D'ORIVAL.
RICHESSE DE LA FLORE ET DE LA FAUNE.
LES CAVERNES. — NOS CHAUVES-SOURIS.
LA GROTTE SCULPTÉE.
LE GRAVIER. — ROCHE FOULON. — CHATEAU FOUET.
PANORAMA SANS RIVAL.
LA ROCHE-DU-PIGNON. — NOS FALAISES INTÉRIEURES.
NATURALISTES EN AVANT.
LES FLEURS ET LES INSECTES.

Etes-vous chauvin ? Moi, oui.

En rira qui voudra, j'avoue carrément que je le suis, même au point de vue local.

J'accorderai tout ce qu'on voudra, que le piano est un instrument adorable et l'air des *Petits bateaux* un motif très distingué, que Galilée est un farceur et que la terre ne tourne pas, que Flaubert n'avait pas de talent et que M. Ohnet est un grand écrivain — mais que la Normandie ne soit pas le plus joli pays du monde, jamais !

Là-dessus, je ne transige pas.

Et ce ne sont pas les coteaux d'Orival qui me donneront tort.

Quiconque est allé de Rouen à Elbeuf, ou inversement, par la ligne d'Orléans ; quiconque s'est promené du Pavillon au Gravier et de la Roche-Foulon à la Roche-du-Pignon sera lui-même de mon avis.

Lorsqu'en sortant d'Elbeuf on a franchi le premier tunnel, on admire un panorama qui est inoubliable si l'on a la bonne fortune de le contempler par un beau temps.

En bas, la ville d'Elbeuf, entre les hauteurs et la Seine, avec ses mille cheminées d'usines empanachées de fumée, la presqu'île plate, fertile, coupée par l'arête des coteaux de Saint-Aubin, semée de bosquets et de villages; tout à l'horizon, dans la brume bleue, la montagne des Deux-Amants; à gauche, les roches d'Orival.

Elles ondulent d'Elbeuf à Oissel, décrivant une courbe d'une pureté absolue, vallonnées depuis les temps géologiques par les eaux, vertes comme l'émeraude et brusquement tronquées en falaises que le fleuve ourle d'un galon argenté.

Rien ne peut donner une idée de la magie de ce tableau par une belle matinée de printemps ou, mieux encore, à la fin d'un jour d'été, quand le soleil couchant l'incendie et que va descendre sur la plaine la mélancolique sérénité des soirs.

Aussi les coteaux d'Orival sont-ils justement célèbres, et non point seulement dans le monde des touristes, mais encore dans celui des savants. Au point de vue de la flore et la faune, ils sont, en effet, classés comme une station d'une richesse exceptionnelle.

Il est juste d'ajouter que peu de coins de la France ont été aussi minutieusement étudiés et par autant de naturalistes. Durant de longues années, MM. Noury, Levoiturier, Coquerel, Lancelevée, Etienne, Gadeau de Kerville et d'autres — *quorum pars humillima fui* — les ont parcourus à toutes les époques de l'année, ne

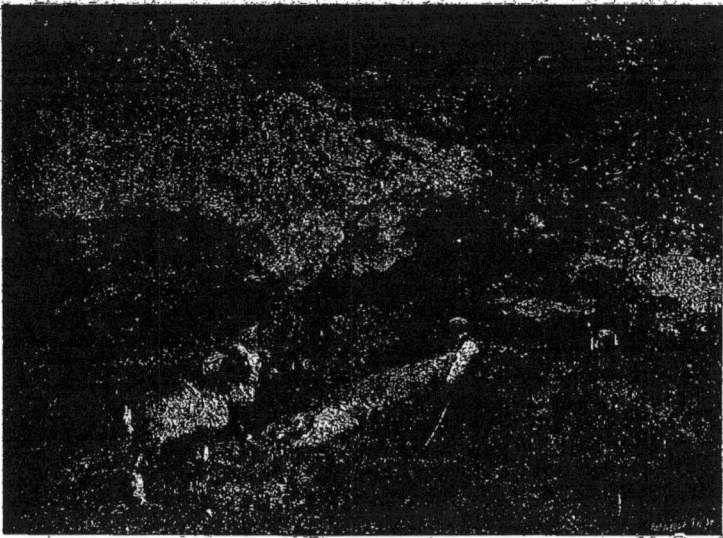

Dans les roches d'Orival. (Photographie de l'auteur).

laissant ni un repli de terrain, ni un buisson, ni une caverne inexplorés.

Il en est résulté nombre de découvertes en botanique en entomologie, et l'on peut espérer cependant que la liste n'en est point close.

L'excursion d'Orival est donc recommandable à double titre ; elle peut d'ailleurs s'effectuer très aisément, grâce à la facilité des moyens d'accès. On a le choix entre plusieurs itinéraires : prendre de Rouen un train de la ligne d'Orléans pour Elbeuf, descendre aux Rouvalets et revenir par Oissel ; prendre le train de la ligne de Paris ou le bateau-omnibus, descendre à Oissel et revenir par Elbeuf ; ou bien encore descendre à Grand-Couronne, traverser la forêt de Rouvray et déboucher en plein milieu des roches ; pousser jusqu'à Moulineaux et gagner Orival par le Nouveau-Monde — il y a de la marge, on le voit, et l'on pourrait encore trouver d'autres combinaisons.

Choisissons la première.

De Rouen, nous demandons notre billet pour Elbeuf et nous arrêtons aux Rouvalets. C'est une halte qui précède la station d'Elbeuf-Ville, tout au commencement des coteaux d'Orival. Au lieu de descendre vers la ville, on traverse la voie et on suit le sentier qui monte doucement à droite. A quelques pas de là est le jardin botanique de la Société d'Etudes des Sciences naturelles d'Elbeuf, très en faveur auprès des jeunes gens studieux, des horticulteurs intelligents et même des simples promeneurs, qui y jouissent d'une vue magnifique. Le sentier court à travers les hauteurs, entre des pelouses et des taillis, couverts de fleurs. Çà et là, un crochet nous amène devant des excavations profondes creusées dans la craie siliceuse, la Roche-à-Trois-Trous, la Grotte-Sculptée, le Trou-d'Enfer — chacune a son nom.

Une pause, n'est-ce pas ? qui nous permettra un rapide retour vers le passé.

L'origine d'Elbeuf est fort ancienne ; l'étymologie celtique de son nom, *Wael Bus,* le Village des Fontaines, en fait foi.

Il est vraisemblable que la plupart des cavernes, creusées de main d'homme, qui fouillent les flancs de ses coteaux, ont servi d'habitation à nos ancêtres de l'époque préhistorique. Plus tard, dans les guerres entre la Neustrie et l'Austrasie, puis pendant les incursions des Normands, c'est là que les habitants de Wellebus et d'Ordericus (Orival) se réfugiaient et mettaient leurs récoltes à l'abri. Enfin, au moyen-âge, plusieurs ermites y ont vécu ; c'est peut-être l'un d'eux qui a taillé, en façon d'autel, la curieuse Grotte-Sculptée.

Aujourd'hui, elles ne sont plus guère hantées que par les chauves-souris ; M. Henri Gadeau de Kerville y a signalé la présence de sept ou huit espèces appartenant aux genres Rhinolophe, Oreillard, Barbastelle, Vespérien et Vespertilion.

Leur exploration n'offre pas de difficultés. Il est indispensable, toutefois, de se munir de lanternes ou de bougies, leur étendue étant souvent considérable. Les jeunes mammalogistes, comme on vient de le voir, y pourront réunir le commencement d'une bonne collection de chiroptères, dont la récolte est aisée mais doit s'effectuer pendant les mois d'hiver, quand le sommeil hibernal les a engourdis. Alors, dans les anfractuosités latérales des cavernes, dans les trous des voûtes, la lumière des lanternes montre aux yeux un peu exercés de bizarres pendeloques noires, accrochées çà et là comme par un fil aux aspérités de la roche. Ce sont les chauves-souris qui, étendant leurs membres en croisant leurs bras l'un sur l'autre, s'en enveloppent comme d'une cape et dorment ainsi, suspendues par les griffes, la tête en bas. On les cueille délicatement et on les met dans un sac de toile. Il est prudent de ne pas les garder trop longtemps dans la main, car elles se réveillent assez promptement et mordent à belles dents, plus fines que des aiguilles.

L'excursion des roches d'Orival s'effectue en deux parties ; la première est comprise entre les Rouvalets et la gorge du Gravier, où, débouchant du pont du chemin de fer, la ligne de Serquigny s'enfonce dans la forêt de la Londe ; la deuxième va du Gravier aux Roches d'Oissel. Chose assez curieuse, chacune d'elles a sa flore spéciale, mais la seconde est, de beaucoup, la plus richement partagée.

Vers le Pavillon, et selon les saisons, on rencontre : l'Anémone pulsatille, la Mélitte, l'Ancolie, l'Amélanchier (*Amelanchier vulgaris*), l'Orchis pourpré ; derrière l'église, la petite Pervenche à fleurs blanches et, au « roule » suivant, une de nos plus jolies orchidées, l'Orchis militaire (*Orchis militaris*), dont le casque, rose cendré, est d'une nuance extrêmement rare dans le règne végétal ; l'Epipactide noirâtre (*Epipactis atrorubens*) ; la Chlore perfoliée ; la Centaurée scabieuse, etc., etc. Je ne cite, bien entendu, que les plantes les plus intéressantes, car la seule nomenclature de la flore des coteaux d'Orival occuperait plusieurs pages.

J'ai gardé, pour une mention spéciale, une orchidée

fort rare en Normandie et qui croît abondamment sur
l'un des coteaux du tunnel. C'est l'Orchis parfumé
(*Orchis odoratissima*), qui ressemble, de prime abord,
à l'Orchis à long éperon (*Orchis conopsea*), mais s'en
distingue par son épi plus court et plus grêle, son
éperon moins long et son délicieux parfum de vanille.

Si vous le rencontrez, ami lecteur, recueillez-le,
mais n'imitez pas ces collectionneurs enragés, terreur
des vrais naturalistes, qui, découvrant une rareté botanique ou entomologique, en enlèvent jusqu'au dernier spécimen, au risque d'anéantir une source de
documents intéressants pour la science.

Cette première moitié de l'excursion s'achève sur la
falaise qui surplombe la mairie d'Orival. On descend
au Gravier, on passe sous le pont du chemin de fer et
on prend, à gauche, un sentier qui mène à la Roche-
Foulon, l'un des coins les plus originaux de la contrée.
Un certain nombre de familles se sont, depuis un
temps immémorial, creusé là des demeures spacieuses
dans la roche même, où plusieurs se livrent à l'élevage
des abeilles.

A partir de la Roche-Foulon jusqu'à la Roche-du-
Pignon, le promeneur et le botaniste passent par une
série ininterrompue d'enchantements.

Le premier y rencontre à chaque pas, pour ainsi
dire, un site pittoresque, bizarre, sauvage parfois. Ici,
le sentier côtoie un vallon dont le pli est brusquement
tronqué par la falaise verticale. Plus loin, il passe
entre des rochers et des grottes; sous les éboulis de
l'une d'elles on voit encore tout un mobilier broyé,
aplati; pendant un dégel, elle s'était effondrée peu
d'instants après la sortie de ses propriétaires. Là, il

surplombe une excavation basse, où l'on ne pénètre qu'en rampant et qui est l'ouverture d'une caverne profonde. Là, il est coupé par une arche basse, réduction de la Manneporte d'Etretat; partout, à droite, il domine la vallée de la Seine et son merveilleux panorama.

Bientôt, la roche abrupte oblige à infléchir vers le bois et à prendre un sentier à droite duquel on rencontre une petite mare, la Mare aux Anglais, où j'ai recueilli en abondance, il y a dix ans, un mollusque nouveau pour la faune normande, la *Limnœa truncata*; là, en appuyant à droite, on suit la crête du coteau au bout duquel sont les ruines du fameux Château-Fouet, bâti par Richard Cœur-de-Lion vers la fin du xiiᵉ siècle et détruit en 1204 par Jean-sans-Terre; il ne voulait pas que Philippe-Auguste pût s'installer dans cette place forte, qui commandait le cours de la Seine et interceptait les communications fluviales entre Paris et Rouen. Les Anglais le reconstruisirent en 1360 et s'y fortifièrent; c'est de là que leurs bandes partaient pour dévaster Elbeuf et les environs de Rouen.

Avec la féodalité tomba la vieille forteresse; M. l'abbé Cochet dit qu'en 1620, le marquis de La Londe voulut la relever de ses ruines, mais que le Parlement s'y opposa, sans doute parce qu'un baron de La Londe, s'y étant retranché, pillait Elbeuf.

Les souterrains du Château-Fouet, aujourd'hui obstrués par les éboulements, ont été explorés plusieurs fois; on y a découvert des armes et, d'après une tradition, un trésor.

Les souvenirs historiques ajoutent donc un attrait de plus à la beauté du paysage.

Mais que sont auprès de cela les surprises et les
joies des initiés aux secrets de la nature, des botanistes botanisants! Quelle variété de formes! Quel feu
d'artifice de couleurs! Quelle moisson, qui emplit en
une heure les boîtes les plus spacieuse !

Ici, toute une pente ruisselle de cette magnifique
valériane rouge (*Centranthus ruber*) qui est, à Rouen,
la parure de la côte Sainte-Catherine; là, c'est un tapis
de l'Aceras pyramidal, parmi lequel la plus jolie de
nos orchidées indigènes, l'*Ophrys arachnites*, pareille à
un gros bourdon dont les ailes seraient roses avec une
nervure verte; sur les vieux murs d'un jardinet, les
touffes du *Corydalis lutea*, dressant, au milieu d'un
feuillage d'une élégance exquise, la grappe d'or de ses
fleurs; enfin, le roi des roches, le triomphant
Geranium sanguin (*Geranium sanguineum*), en buissons couronnés de centaines de larges fleurs car-
minées.

Et tout cela n'est que pour donner un avant-goût
du régal servi sur les roches d'Orival par la bonne
déesse Flore à ses disciples, mais ce volume n'y suffirait pas s'il en fallait détailler le menu. Je note donc,
sans classification aucune, et à peu près selon leur
époque de floraison, quelques-unes des plantes que
l'on y peut récolter.

A la Roche-Foulon : la Pervenche blanche; la
Violette odorante ; l'Anémone pulsatille ; la Globulaire;
l'Arabette des sables (*Arabis arenosa*) ; le Doronic à
feuilles de plantain (*Doronicum plantagineum*); le
Cornouilier mâle; le Bois de Sainte-Lucie (*Cerasus
mahaleb*), dont sont faites les pipes en merisier odo-
rant; le *Muscari neglectum*, l'une des découvertes de

M. Coquerel; plusieurs muscinées telles que *Anomodon viticulosus*, *Buxbaumia aphylla*, *Dyphyscium foliosum*, *Hypnum squarrosum*, etc.

Dans les ruines du Château-Fouet, le Chêne pubescent (*Quercus pubescens*).

A la Roche du Pignon et sur les coteaux avoisinants, le Tabouret des montagnes; l'Hélianthème des Apennins; le Jasmin jaune (*Jasminum fruticans*); le Nerprun alaterne (*Rhamnus alaterna*); la grande Pervenche (*Vinca major*); la Monnaie du pape (*Lunaria biennis*); l'Asclépiade (*Asclepias vincetoxicum*); plusieurs Véroniques et Germandrées; deux Lins (*Linum catharticum* et *L. tenuifolium*); l'Anthyllide vulnéraire (*Anthyllis vulneraria*); la Crinière de cheval (*Hippocrepis comosa*) ainsi nommée à cause de la forme bizarre de ses fruits; le Pastel (*Isatis tinctoria*); une Garance (*Rubia peregrina*); l'Œnothère (*Œnothera biennis*); l'Acéras à odeur de bouc (*Aceras hircina*); plusieurs Polygalas; une ombellifère peu commune, le *Bupleurum falcatum*; sur la crête de la Roche du Pignon, la Violette velue (*Viola hirta*); l'Eglantine pimprenelle (*Rosa pimpinellifolia*), l'Eglantine à odeur de reinette (*Rosa rubiginosa*), etc., etc.

La Roche du Pignon est une haute aiguille qui se dresse fièrement dans les airs et termine une falaise verticale dominant la route d'Elbeuf à Rouen par Oissel. Elle est classique en géologie; Charles Lyell la prend comme type de ces falaises intérieures dont les saillies et les dépressions marquent les niveaux auxquels atteignaient les eaux de la mer. Elle mesure 60 mètres de hauteur; l'aiguille dépasse de 12 mètres une bande de terre, inférieure elle-même de 5 mètres à la partie principale. De hardis grimpeurs en ont plusieurs fois tenté l'escalade avec succès et y avaient arboré un drapeau dont la hampe reste, droite comme un paratonnerre, sur le piton de craie.

On voit que les roches d'Orival sont d'une richesse florale peu ordinaire; elles ne sont pas moins privilégiées sous le rapport entomologique.

M. Théodore Lancelevée, d'Elbeuf, y a fait un cer-

La Roche du Pignon.

tain nombre de captures d'un haut intérêt pour la faune normande.

En avril 1877, il a pris en quantité, sur une partie de talus argileux, la *Myrmedonia bituberculata* rare staphynilide, dont il n'était encore connu qu'un très petit nombre d'exemplaires, trouvés dans les Pyrénées.

En juin 1884, il a fait une rencontre plus heureuse encore, celle d'un coléoptère malacoderme : le *Phosphœnus Rougeti*, dont un premier exemplaire avait été

Vieille maison, à Orival.

découvert en 1871, aux environs de Dijon, par M. Rouget, bibliothécaire de cette ville. Actuellement, il n'existe dans les collections entomologiques que deux exemplaires de cet insecte, l'un dans la collection de M. Rouget, l'autre dans celle de M. Lancelevée.

Parmi les coléoptères intéressants pris à Orival, il faut encore noter le *Rhipiphorus paradoxus*, qui vit en parasite dans les nids de la guêpe ; le *Cryptocephalus violaceus*, que l'on trouve sur les fleurs d'Epervière, et la *Trachys nana*, sur les fleurs du Géranuium sanguin.

M. Lancelevée m'a également signalé, dans l'ordre

des arachnides : la *Mela Merianœ* et *la M.Menardi*, celle-ci indiquée comme très commune dans les grottes de l'Ariège ; l'*Erigone biovatus*, qui vit au plus profond des fourmilières de *Formica rufa*, et enfin le *Misumena vatia*, qui tend ses toiles sur le Réséda jaune et détruit une quantité considérable d'abeilles, en les saisissant à la tête et au thorax au moment où elles butinent.

J'arrête ici ces renseignements qui n'ont d'autre objet que de donner au lecteur, avec un aperçu de l'histoire naturelle des roches d'Orival, l'envie de se convaincre par soi-même que la réalité est bien au-dessus de la description.

IV.

LA SEINE EN AMONT

SAINT-ETIENNE-DU-ROUVRAY. — OISSEL.

SUR LA RIVE GAUCHE.
SAINT-ETIENNE-DU-ROUVRAY. — OISSEL.
LE MANOIR DE LA CHAPELLE. — CURIEUX PUITS,
EN ROUVRAY. — LE MARS AZURÉ.
POÉSIE ET RÉALISME.
LA CORONELLE. — TROIS MARES.
LES BRIQUETERIES DES ESSARTS;
UN ATELIER PRÉHISTORIQUE.

En quittant Sotteville, la première station que l'on rencontre sur la ligne de Serquigny est la commune de Saint-Etienne-du-Rouvray.

Par elle-même, elle n'offre rien de bien intéressant en dehors de son histoire, qui est assez mouvementée. On a lieu de supposer que Saint-Etienne fut une des premières localités occupées par les Normands avant la conquête définitive. Plus tard, Guillaume-le-Conquérant y venait en villégiature. On y guerroya fort contre les Anglais au xvᵉ siècle, et c'est pendant une escarmouche avec une bande de partisans français que le manoir fut brûlé. Les troupes d'Henri IV y campèrent pendant le siège de Rouen par le Vert-Galant.

Aujourd'hui, Saint-Etienne doit une notable partie
de son importance à la grande filature de la Société
Cotonnière, construite dans la prairie, non loin de la
station du chemin de fer. Il est, d'ailleurs, agréable-
ment situé entre la Seine et la forêt de Rouvray. Les

Manoir de la Chapelle. — Oissel.

moyens de communication avec Rouen sont nombreux.
Le chemin de fer, d'abord; ensuite, le tramway de
Rouen à Quatre-Mares; enfin, le bateau-omnibus qui
fait escale à Saint-Adrien, d'où le bac porte les passa-

gers sur la rive gauche, en face du parc de La Chapelle, le vieux manoir qui sépare Saint-Etienne et Oissel.

Oissel fut donc l'un des principaux points stratégiques des Normands au IXe siècle. Ils y avaient construit une forteresse commandant le passage de la Seine et infligèrent une rude défaite à la flotte que Charles-le-Chauve, en personne, avait amenée pour les chasser de cette position ; mais trois ans plus tard, en 861, ils furent contraints de se retirer.

Les ducs de Normandie y avaient un château, dont il ne reste plus rien.

Sur la limite de la commune, vers Saint-Etienne-du-Rouvray, le manoir de la Chapelle, propriété de M. Fénot, offre encore d'intéressantes constructions remontant au XVIe siècle. La maison d'habitation est moderne et a été édifiée sur l'emplacement de l'ancien manoir, mais les communs et la ferme ont gardé leur cachet d'ancienneté. Dans le parc se trouve un très curieux puits, d'une surprenante construction. Quatre hautes colonnes posées sur un soubassement en pierres de taille supportent une pyramide quadrangulaire surmontée d'une boule. Cet édicule suffit à donner l'idée d'une demeure somptueuse, sur l'origine de laquelle les renseignements font défaut. On croit seulement qu'Henri IV y reçut l'hospitalité pendant qu'il assiégeait Rouen. Ce qui est mieux établi, c'est que les bonnes traditions hospitalières ont été recueillies et sont mises en pratique par le très aimable châtelain actuel de la Chapelle.

On se rend à Oissel — d'Elbeuf comme de Rouen — par le chemin de fer ou par le bateau. On peut faire une très jolie promenade en prenant soit le bateau

d'Elbeuf, soit le bateau-omnibus de Rouen ; on descend
à Oissel, on gagne la forêt et, en la traversant, on arrive
à Grand-Couronne où l'on reprend le train pour
retourner chez soi. L'herborisation n'offre pas de
rencontres bien intéressantes. Je signalerai cependant,
au pied des maisons qui sont sur le quai, le *Polycar-
pon tetraphyllum* et une chénopodée peu commune,
que son odeur particulière a fait baptiser du nom
bizarre de *Chenopodium vulvaria*. Dans la forêt, les
entomologistes captureront, souvent en quantité, un
des plus beaux papillons de France, le Mars chan-
geant :

> Voici le Mars azuré
> Agitant des étincelles
> Sur ses ailes
> D'un velours riche et moiré,

a dit Gérard de Nerval. Le Mars méritait en effet d'être
célébré par un poète doublé d'un naturaliste, car il est
vraiment admirable quant, nouvellement éclos, il fait
miroiter au soleil l'azur métallique de ses fines
écailles. Il peut même prêter matière à philosopher
sur les contrastes de la nature.

Il semblerait, n'est-ce pas ? à voir ce brillant papillon, aux reflets chatoyants, au vol élégant, que seules
les fleurs les plus richement peintes, les plus parfumées soient dignes de fixer pour quelques instants
son vol capricieux. Eh bien ! c'est une erreur grave.
Le nectar où il se délecte, la fleur suave sur laquelle
il laisse palpiter voluptueusement ses ailes, c'est.....
— dois-je le dire ? — .... c'est le crottin de cheval.
Mais ce sybarite d'un genre si particulier ne l'aime que

très frais. Il n'est pas rare, de juin à août, d'en voir toute une bande examiner de très près, de trop près, les traces ambrées laissées par les chevaux sur les routes forestières. O poésie !

C'est dans cette partie de la forêt de Rouvray que j'ai capturé pour la première fois un reptile non encore signalé dans la Seine-Inférieure, et que j'ai pris ailleurs plusieurs fois depuis, la Coronelle lisse (*Coronella lœvis*). Ce petit serpent, d'ailleurs non venimeux, se distingue des autres azémiophides par un caractère extrêmement irascible et mord avec fureur la main qui l'a saisi. Il est, on le voit, loin de posséder la douceur de notre belle couleuvre à collier, que l'on rend si aisément familière.

La route à travers bois d'Oissel à Grand-Couronne passe aux Essarts, hameau enclavé entre les forêts de La Londe et de Rouvray, sur une partie défrichée. Au Grand-Essart, deux particularités méritent l'attention du promeneur : la grande mare, les briqueteries.

La grande mare, située près de la route d'Elbeuf, est connue d'un assez grand nombre de Rouennais et d'Elbeuviens qui viennent s'y approvisionner de poisons rouges et gris ; mais elle se recommande par d'autres charmes que celui de la pêche aux cyprins. D'abord, ells est admirablement encadrée par la forêt et offre une de ces salles à manger si recherchées, le dimanche, des citadins avides d'air pur et de gazon, et où l'on est si bien pour dîner en famille. Dans cet ordre d'idées, il serait difficile de trouver mieux que les bords de la mare des Essarts, l'une des plus belles du département. Les botanistes y recueillent en quantité des plantes d'eau, notamment une assez rare espèce de plantain d'eau, l'*Alisma natans*.

Un mot ici, de deux autres mares qui sont fort jolies. En quittant la gare de Grand-Couronne, on traverse la voie et on suit la route montant à la forêt. On la quitte pour prendre à gauche l'ancienne route, plus directe, qui va rejoindre la nouvelle à 1,500 mètres de là. A leur jonction, à gauche, on verra la mare Saumon, dont un magnifique chêne ombrage l'entrée.

Au Petit-Essart, près de l'ancien château de feu le général Blanchard, se trouve la mare Dormay, pleine de Nénuphars, et au milieu de laquelle se trouve un minuscule îlot formé d'un élégant bouquet de saules.

Les briqueteries des Essarts se signalent aux amateurs de préhistorique. On sait que, pour des raisons encore mal connues, quoique les explications les plus variées ne manquent pas, la plupart des briqueteries renferment, en plus ou moins grande abondance, des silex taillés, armes et outils de nos premiers ancêtres. En 1887, M. Théodore Lancelevée recueillit, aux Essarts, dans l'argile, un certain nombre de pièces fort intéressantes, coups-de-poing, nucléus, percuteurs, grattoirs, couteaux, en un mot, à peu près tous les ustensiles de l'époque Moustérienne.

Depuis, un autre collectionneur elbeuvien, intéressant les ouvriers briquetiers à ses recherches, est parvenu à recueillir aussi une fort belle collection, ce qui atteste la présence aux Essarts d'un atelier préhistorique, analogue à ceux précédemment découverts dans les alentours et explorés par MM. Noury, d'Elbeuf, et Bucaille, de Rouen.

SAINT-ADRIEN.

SUR LA RIVE DROITE.

LES BATEAUX-OMNIBUS. — SAINT-ADRIEN.

UN COIN DU PARADIS TERRESTRE.

LA CHAPELLE. — LE BECQUET ET SA SOURCE.

UNE MAUVAISE LANGUE.

BOIS DE ROQUEFORT.— ENCORE UN PANORAMA SPLENDIDE.

LA VIOLETTE DE ROUEN.

L'ÉGLANTINE JAUNE. — FLORE ET FAUNE.

En aval, la Seine nous offre, de Rouen au Havre, une série de stations toutes plus charmantes et plus intéressantes les unes que les autres. En amont, elles sont moins nombreuses, mais l'une d'elles, Saint-Adrien, ne le cède à nulle autre, à cause des ravissantes promenades qu'elle offre aux touristes. Et l'accès en est si facile ! Avec les bateaux-omnibus (qu'il faudrait se dépêcher d'inventer s'ils n'existaient pas) et pour quarante centimes, on y est conduit de la façon la plus agréable en quarante minutes, après avoir fait escale à Eauplet, en face l'île Brouilly, à la Mi-Voie et à la Poterie-de-Belbeuf. C'est moins cher que de faire la route à pied.

— Hum !

— Vous doutez ? Comptons, s'il vous plaît : usure des chaussures et des vêtements, 30 centimes ; soif inextinguible causée par la poussière de la route et le joli soleil qui frappe sur la craie blanche... mémoire. En plus, fatigue et perte de temps. Que dites-vous de cette arithmétique ?

Donc, prenant un des bateaux du matin, nous voici

Saint-Adrien.

devant la haute falaise, taillée à pic, dans le flanc de laquelle s'enfonce la célèbre chapelle de Saint-Adrien. C'est par elle que nous commencerons, mais, au préalable, une recommandation dont le côté pratique n'échappera pas à ceux qui se proposent de passer la journée dans ce coin retrouvé du paradis perdu et

L'Eglise de Saint-Adrien. — Dessin d'après nature de E. Nicolle.

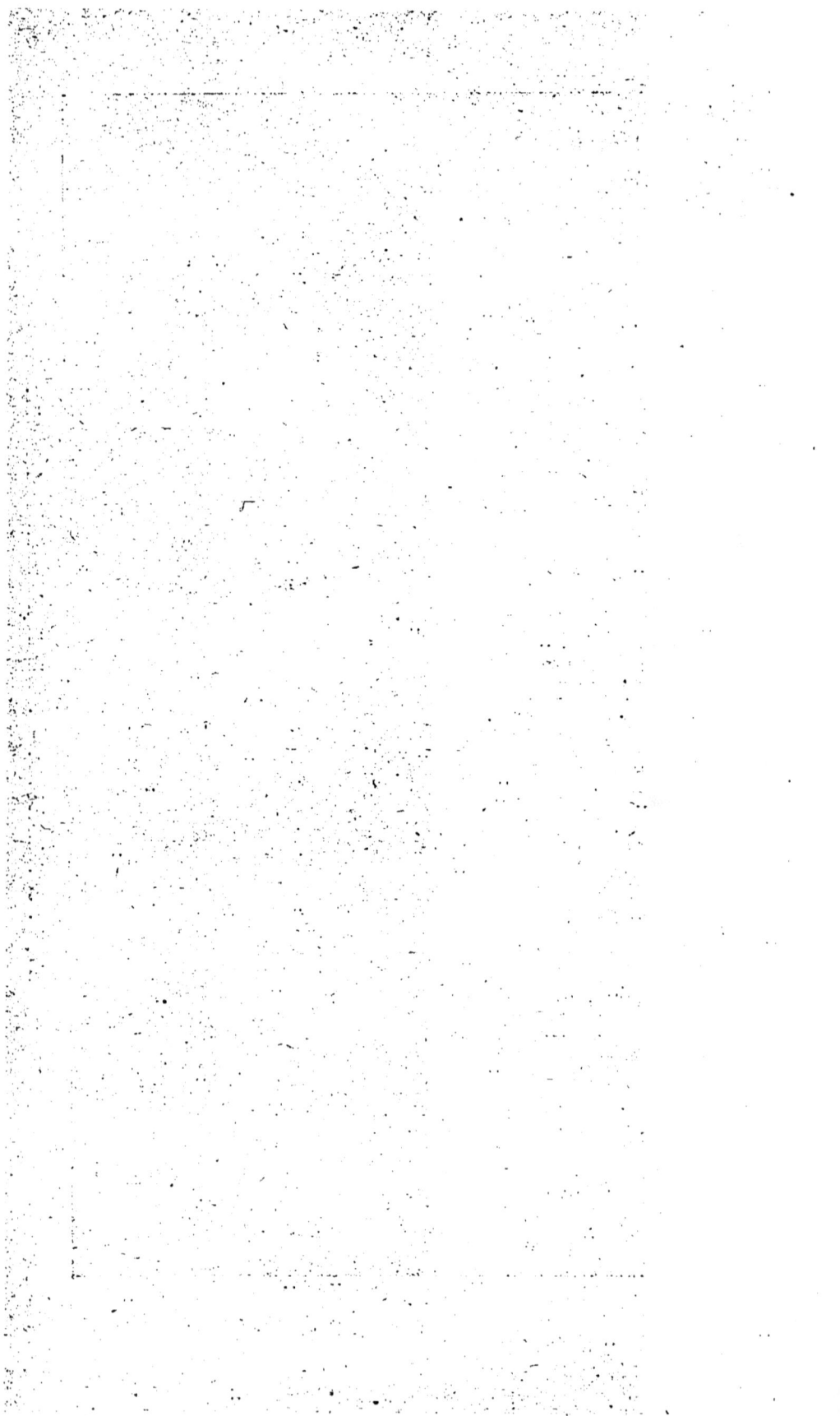

n'ont pas apporté leurs vivres. Avant d'aller plus loin, commandez votre déjeuner soit au restaurant des Roches-Blanches, soit au Soleil-d'Or, soit à l'Hôtel Réquier. On y écorche toutes vives des anguilles nourries dans un vivier qu'alimente le Becquet, et on ne traite pas de même les convives au moment de l'addition. Qu'est-ce que vous pouvez demander de mieux qu'une bonne matelotte, encadrée d'une omelette et de n'importe quoi, et servie sous les pommiers du verger baigné par la Seine ? J'en connais, d'ailleurs, et beaucoup, qui se contentent à moindres frais, en emportant un panier qu'on va déballer en un certain endroit où je vous conduirai tout à l'heure, et dont vous me direz des nouvelles quand vous y serez allés une bonne fois.

Mais procédons avec ordre. A Saint-Adrien, il nous faut voir : 1° la chapelle ; 2° la source du Becquet ; 3° le bois de Roquefort ; 4° la roche et ses particularités.

La chapelle est creusée en pleine roche. Lieu de pèlerinage toujours très fréquenté, gardée autrefois par un ermite dont on voit encore la grotte taillée dans la falaise, elle semble avoir été sinon créée, du moins aménagée et ornée au XVIIe siècle. On y montre, dans la voûte formée par le roc même, « le bras de Saint-Adrien ». C'est un étroit rognon de silex, de plus d'un mètre, coudé au milieu. Si c'est, comme me l'affirmait avec conviction mon cicérone, une relique de Saint-Adrien, force est de convenir que c'est un saint qu'il fait bon prier, car il a certainement « le bras long. »

De la chapelle, on redescend pour prendre la route parallèle au Becquet.

Je ne suis jamais allé à la source du Becquet — et je

n'y compte plus mes visites — sans me rappeler les beaux vers de la chanson des *Hirondelles :*

> Là, près d'une onde qui chemine
> A flots purs, sous de frais lilas,
> Vous avez vu notre chaumine.....

La chaumine est un moulin, mais les frais lilas n'y manquent point, et l'onde est si pure, si pure, elle chemine si lestement, avec un si joli bruit de cristal sur les pierres du fond, qu'on en a tout à la fois l'oreille séduite, le regard fasciné et la cervelle pleine de poésie intensive. Ah ! la belle place pour déjeuner, que la source du Becquet, qui sourd brusquement d'une excavation dominée par un gros orme et s'en va, à deux kilomètres de là, se perdre dans la Seine, après avoir donné la fraicheur et la vie à des champs et des jardins et la force motrice à deux moulins !

On s'y rend en suivant, droit devant soi, une route entre les deux collines ; on a donc toujours le ruisseau à sa droite ; il n'y a pas moyen de s'égarer, et l'on marche ainsi jusqu'à la source, dont les rives, au printemps, sont bordées de grandes primevères jaunes et de cardamines roses, entremêlées de touffes luxuriantes de *Scolopendre officinale.*

Un mot en passant sur la *Scolopendre.* C'est une fougère, aux feuilles entières, étroites, longues, s'effilant au bout. On la nomme vulgairement *langue de femme.* On donne également ce sobriquet à une graminée fort gracieuse et commune à Saint-Adrien, du genre *Briza,* formée d'une multitude d'épillets soutenus par un pédicelle fin comme un cheveu et tremblant au moindre vent.

Dans le bois de Roquefort. (Photographie de l'auteur).

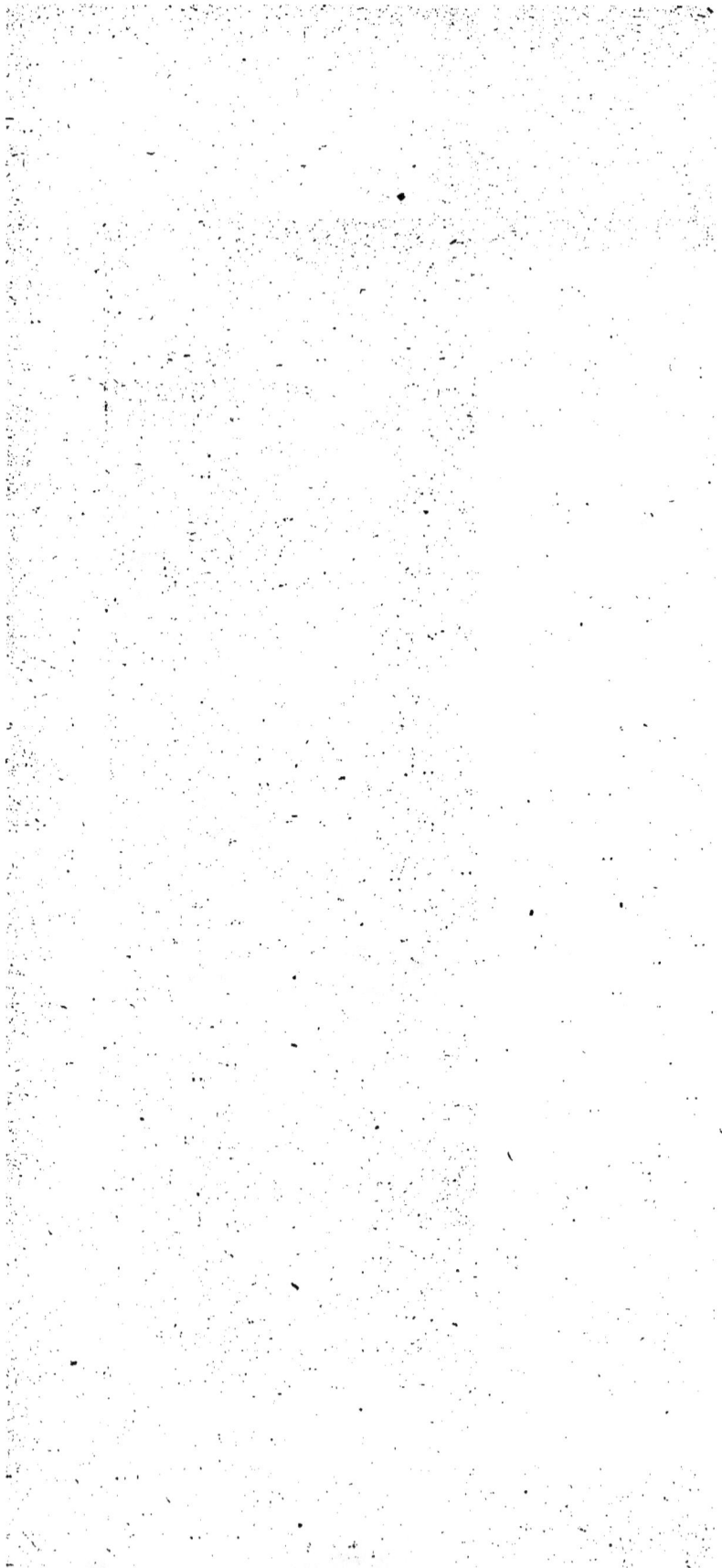

Je demandai un jour à un vieux paysan normand, en lui montrant une feuille de scolopendre et un pied de *Briza*, pourquoi on avait gratifié du même sobriquet deux plantes d'aspect si différent.

Le bonhomme regarda ma candeur d'un air narquois.

— On appelle c't'elle-là (la scolopendre) langue de femme, pa'c'qu'alle est longue et pointue.

— Bon ! mais l'autre ?

— On l'appelle étout langue de femme, pa'c'qu'alle est toujours en mouv'ment.

Ce n'est pas moi, Mesdames, qui me serais jamais permis cette explication aussi discourtoise que calomnieuse.

Qu'elle ne vous empêche donc pas de dresser le couvert au bord du Becquet, dont je vous recommande l'eau délicieuse, et d'en trouver les alentours charmants.

Car ils le sont, charmants ! Après déjeuner, je vous engage à reprendre la route pendant deux ou trois cents mètres, à tourner à gauche par un petit chemin qui monte pas trop rudement et, arrivé au sommet de la montée, à tourner encore à gauche, à suivre jusqu'au bout une superbe allée qui débouche là et à gagner la côte de Saint-Adrien, en prenant, toujours à gauche, une magnifique avenue de chênes, s'ouvrant sur des clairières semées de bouleaux argentés et où le soleil produit des oppositions d'ombre et de lumière à tenter une palette expérimentée. C'est le bois de Roquefort.

Vous arriverez ainsi sur la hauteur que termine la roche de la chapelle et, de là, vous jouirez d'un de ces

incomparables panoramas que la Normandie offre, à
chaque instant, aux yeux émerveillés des étrangers.
A gauche, le val de Saint-Adrien, les Authieux, les
coteaux de Tourville et le plateau qu'ils limitent, la
forêt de la Londe ; à droite, les hauteurs de Belbeuf,
d'Amfreville et de Bonsecours, Rouen et l'amphithéâtre
immense où ses faubourgs s'étagent, Boisguillaume,
Mont-Saint-Aignan, l'entrée de la vallée de Maromme ;
en face, les vastes prairies de Sotteville, de Saint-
Etienne. d'Oissel, les champs, la forêt de Rouvray par
derrière, et par derrière la forêt, à l'extrémité de la
majestueuse bouche formée par la Seine, les coteaux
de Canteleu, de Dieppedalle, de Biessard, du Val-de-
la-Haye couronnés par la forêt de Roumare.

Je l'ai vu, cet inoubliable paysage, par tous les
temps et dans toutes les saisons, incendié de soleil, ou
estompé dans ses fonds par les brumes bleues et
transparentes de l'automne. Chaque fois, il m'a paru
plus beau.

Un sentier de chèvre, mais nullement dangereux,
ramène tout près de l'embarcadère des bateaux-
omnibus.

N'allez pas croire que nous en ayons fini avec ce
coin de la terre neustrienne. Je l'ai qualifié de paradisiaque, et il faut bien que je justifie cette appellation
fastueuse. Apprenez donc, si vous ne le savez déjà,
qu'il est encore plus célèbre chez les naturalistes que
renommé chez les promeneurs. Il y croît en extrême
abondance et pendant presque toute l'année — de
février à novembre — une pensée d'un bleu délicat,
à la floraison abondante, qui forme par endroits
de véritables tapis d'un charme indicible. C'est la

La Seine à Saint-Adrien.

Viola rhotomagensis (Violette de Rouen). Pas un botaniste au monde qui n'en connaisse le nom et le lieu d'origine. On la rencontre depuis la Mi-Voie jusqu'aux Authieux-sur-le-Port-Saint-Ouen, sur la roche crayeuse, où elle se détache harmonieusement·

Il y a encore une autre rareté botanique à Saint-Adrien. Le jardin de la chapelle est bordé, a gauche, d'épais buissons de *Rosa eglanteria* — Eglantine à fleurs jaunes — fleurissant en mai-juin. Moyennant quelques sous, vous en obtiendrez facilement un rameau en le demandant au gardien de la Chapelle.

Avant de clore ce chapitre, je citerai encore, parmi les plantes les plus intéressantes, l'Hélianthème des Apennins, jolie cistinée aux blancs pétales d'une délicatesse extrème ; l'Hélianthème des chiens (*Helianthemun canum*); le Pastel (*Isatis tinctoria*) : le Sisymbre Irio (*Sisymbrium Irio*) ; le Tabouret des montagnes (*Thlaspi montanum*, mars-avril); sur le talus du chemin du Becquet, une rare crucifère, le *Thlaspi perfoliatum*, et dans leur saison, une foule de labiées, d'ombellifères, une liliacée, le *Phalangium ramosum*, une bugrane peu commune, l'*Ononis natrix*, plusieurs orchidées des genres *Orchis, Aceras, Ophrys* et *Cephalanthera*, en un mot une flore riche et variée.

La roche renferme les fossiles communs à nos falaises de craie, Ananchytes, Micrasters, Cidaris, des térébratules et de nombreux polypiers.

La faune n'offre rien de particulier. Sur les rives, les loutres et même les hermines se montrent quelquefois ; sur les coteaux, le lapin foisonne ; autour des roches, le lézard gris et l'orvet sont abondants. Je n'y ai point rencontré le lézard vert (*Lacerta viridis*) que j'ai capturé à Amfreville-la-Mi-Voie, rare dans nos contrées, et qu'il ne faut pas confondre avec le lézarp des souches (*Lacerta stirpium*), dont le mâle est vert aussi, mais qui est infiniment plus commun.

LE TROU-AUX-MOINES.

LES AUTHIEUX-SUR-LE-PORT-SAINT-OUEN.

LE TROU-AUX-MOINES. — L'ERMITE MAGRÉ LUI.

S'il est, en amont de Rouen, une localité qui puisse rivaliser avec Saint-Adrien pour le charme des environs et la beauté des sites, c'est le Port-Saint-Ouen.

Le fleuve y est très large et parsemé d'une quantité d'îles auxquelles les roseaux et les saules font une ceinture que l'été brode des vives couleurs de la flore des eaux.

Rien d'exquis, rien qui repose les yeux et rafraîchisse l'esprit comme une promenade en avril et mai à l'un des petits pays compris entre Elbeuf et La Bouille. En avril surtout, quand la sève gonflant l'écorce a fait éclater les bourgeons, les arbres des rives se couvrent de frondaisons transparentes, d'un vert léger et doux, à travers lesquelles, comme par une gaze très claire, on voit défiler les arrière-plans coupés çà et là par la blancheur des falaises de craie zonée de silex, les coteaux onduleux, et, en dur relief sur l'herbe plus grise qui les couvre, les ifs et les genévriers piquant une note sombre qui achève de donner au tableau toutes ses valeurs.

Si la montée en est souvent rude, toujours elle réserve d'heureuses surprises aux intrépides qui ne reculent pas devant la crainte d'un essoufflement inévitable. A chaque pas vers la crête du coteau, l'horizon s'élargit et, pareil à une incommensurable toile que l'on déroulerait lentement, amène sous les yeux la Seine, les îles, les prairies où les troupeaux paissent jusqu'au ventre, les masses profondes des forêts et, à l'extrémité du

Le Trou aux Moines.

panorama, encore la Seine et les courbes des falaises, baignées de ces merveilleuses brumes bleues dont la teinte va de l'opale laiteux à l'indigo profond.

Que si, par instant, las d'admirer, vous abaissez les regards sur la pente que vous gravissez, d'autres plaisirs vous attendent. Toute une flore spéciale, dont ni les berges ni les plaines n'avaient pu vous donner une idée, s'offrent à vos mains bientôt insuffisantes à maintenir le butin prestement moissonné.

Cependant, quelque variée qu'elle soit, elle ne saurait rivaliser avec celle que renferment les serres de la grande propriété de M. Schlumberger, aux Authieux-sur-le-Port-Saint-Ouen. Les richesses de la végétation tropicale y sont accumulées, et grâce à des soins minutieux et intelligents, y émerveillent les visiteurs auxquels la courtoise complaisance du châtelain réserve toujours un bon accueil. M. Schlumberger, beau-frère de M. le comte de Germiny, est comme celui-ci un botaniste émérite et partage sa passion pour les fleurs. Chacun sait que les serres de Gouville, à M. de Germiny, sont les plus belles de France ; aucune description, d'ailleurs, ne saurait donner une idée de leur magnificence.

Du Port-Saint-Ouen, la route qui suit la Seine conduit en un quart d'heure à Saint-Adrien. A la sortie du village on trouve, à droite, la route nationale de Pont-de-l'Arche et un chemin vicinal allant rejoindre le chemin de grande comunication de Boos par Gouy et Saint-Aubin-Celloville, où eut lieu, le 24 septembre 1888, devant M. Carnot, président de la République, la revue des troupes du 3ᵉ corps, réserves comprises.

En quittant Port-Saint-Ouen, on remarque, devant soi, sur la partie de falaise qui forme l'angle de la route nationale, à la hauteur des toits, une excavation large et basse. C'est l'entrée d'une grotte démasquée par des terrassiers, en 1864, d'une profondeur considérable, — près de 300 mètres, — et connue dans le pays sous le nom de *Trou aux Moines*. Cette dénomination lui est venue de ce que, pendant la Révolution, un certain nombre de prêtres et de religieux s'y seraient réfugiés.

Quelques naturalistes entreprirent, un jour, de la visiter, dans l'espoir d'y trouver des particularités intéressantes pour la faune locale. Munis de bougies et de sacs pour la capture des chiroptères, ils en atteignirent, non sans difficulté, l'orifice et pénétrèrent dans une grotte haute et large, au fond de laquelle s'ouvrait un passage plus resserré. Ils le suivirent pendant 150 mètres, péniblement, car ils étaient constamment obligés de ramper à de certains endroits, tant le boyau était étroit. Ils n'y virent rien de curieux et renoncèrent à poursuivre cette marche fatigante. On dit, cependant, qu'à de certains endroits, on rencontre de vastes salles, mais c'est une version dont personne n'a pu leur garantir l'exactitude.

Quand, revenus sur leurs pas, ils voulurent quitter la grotte, ils s'aperçurent que le calcaire, extrêmement friable, s'était éboulé et que la pente, à peu près perpendiculaire, ne pouvait offrir au pied une assise assez sûre pour qu'on s'aventurât à descendre. Par bonheur, l'un d'eux, qui n'avait pas tenté l'escalade, mis au courant de la situation courut à l'auberge et à la maréchalerie voisines, où on lui procura une corde et une longue et forte longe de cuir. Nouées bout à bout et doublées, on les lança aux excursionnistes en détresse.

Successivement, chacun d'eux s'enroula au poignet la corde tenue par le conducteur de cette malencontreuse exploration et put ainsi, non sans péril, à cause de l'incessante chute de grosses pierres provoquée par le frottement des pieds contre la paroi, arrive à une échelle qu'on était allé chercher et qui atteignait environ le tiers de la hauteur. Mais les choses

se compliquèrent quand celui qui était resté le dernier dut, à son tour, quitter cette grotte, trop hospitalière, car elle ne voulait pas laisser partir ses hôtes.
Le secours de la corde que personne ne tenait plus
lui manquant, il put, quelques quarts d'heure durant, tour à tour se rémémorer le *facilis intratus
Averni*, de Virgile, et se pénétrer de cette incontes-
table vérité : Que si la ligne droite est le plus court
chemin d'un point à un autre, elle n'est pas toujours
le plus facile à suivre, ni surtout le plus hygiénique.

Enfin, grâce au dévouement d'un bon citoyen,
M. Bruyant, aidé de deux maréchaux-ferrants et des
amis de l'ermite malgré lui, on parvint à hisser
l'échelle jusqu'à un bloc de silex d'une résistance
suffisante et à l'y accoter. Cinq minutes après, il entrait
à l'auberge où, n'osant demander une simple brosse,
il sollicitait avec humilité « une étrille » pour se débar-
rasser de la couche blanche qui lui donnait une vague
ressemblance avec un boudin roulé dans de la farine.

Que cette mémorable aventure soit méditée par les
explorateurs de l'avenir, désireux d'approfondir les
mystères du « Trou-aux-Moines. »

PONT-DE-L'ARCHE.

DE ROUEN A PONT-DE-L'ARCHE. — LES AUTHIEUX.
COUP-D'ŒIL EN ARRIÈRE.
PONT-DE-L'ARCHE. — SON HISTOIRE. — LE PONT.
PLUS MALIN QUE LE DIABLE.
UNE SENTENCE ORIGINALE.
L'HOTEL DE NORMANDIE. — L'ÉGLISE.

Je ne sache pas que beaucoup de ceux qui, d'une semaine sur l'autre, se demandent quel emploi ils feront de leur dimanche, songent à le consacrer à visiter Pont-de-l'Arche et ses environs. D'aucuns m'ont naïvement confessé que c'était dans l'Eure, et, par conséquent, loin. Dans l'Eure, d'accord, mais loin, non. Pont-de-l'Arche est plus rapproché de Rouen qu'Elbeuf et La Bouille. En outre, il y a deux moyens de s'y rendre et d'en revenir, et le voyage gagne à se faire en combinant les deux itinéraires. On prend le train et on revient par les Authieux, ou bien on emprunte le bateau jusqu'à Port-Saint-Ouen et l'on revient par le chemin de fer. Le bateau coûte 0 fr. 40, le billet de chemin de fer (en 3e classe) 1 fr. 20; c'est donc une dépense de 1 fr. 60, tout compris. Pont-de-l'Arche et Bonport valent bien, croyez-le, les trente-deux sous (vieux style) qu'il faut pour les aller voir.

Si l'on monte dans le premier bateau-omnibus du matin, on a d'abord le plaisir de voir défiler devant soi Eauplet, Bonsecours, Amfreville, la Poterie de Belbeuf, Saint-Adrien et ses hautes falaises. On descend à Port-

Saint-Ouen et on suit, à droite, la route qui monte aux Authieux; elle est un peu moins longue que la route nationale que l'on peut, si on le préfère, prendre à Port-Saint-Ouen même, à trois cents mètres en aval du débarcadère.

Un arrêt à mi-côte et un demi-tour sur vous-même vous mettront vis-à-vis d'un magnifique panorama em-

Pont-de-l'Arche.

brassant les deux rives de la Seine jusqu'au-delà de Rouen. L'effet est doublé quand le soleil frappe sur les maisons de Port-Saint-Ouen, au pied de la montée.

Le sommet de la côte atteint, on marche à chemin plat pendant quelque temps et on arrive à un endroit où une mare se trouve dans l'angle formé par la bifurcation de la route. Il faut suivre droit devant soi, à moins qu'on ne veuille descendre à Sottteville-sous-le-Val, auquel cas on prendrait à droite.

La route mène à l'ont-de-l'Arche en passant par Igoville et semble courte à cause de la beauté de la vaste contrée qu'embrasse le regard. A droite, les coteaux de Tourville, Freneuse, Saint-Aubin, et la vallée de la Seine jusqu'à Elbeuf; à gauche, l'ouverture de la vallée de l'Andelle, avec la majestueuse côte des Deux-Amants, le barrage de Poses et la vallée de la Seine à perte de vue ; en face, Pont-de-l'Arche, Bonport, la forêt de Bord, la forêt d'Elbeuf, le barrage de Martot.

En quittant Igoville, on traverse les prairies sur un remblai coupé de ponceaux à arches pour l'écoulement des eaux en temps de crue, et l'on s'engage sur le pont jeté sur la Seine à la place de celui qui s'est écroulé, après de longs siècles d'existence, le 12 juillet 1856.

De cet endroit, l'aspect de Pont-de-l'Arche, avec son église en hauteur, les tours et les murailles qui restent de ses antiques fortifications, dominant la Seine, provoque irristiblement le crayon, le pinceau ou l'objectif.

Mais avant de pousser plus avant, un bref et rapide retour vers son passé glorieux ne sera pas superflu.

Pont-de-l'Arche ? D'où vient ce nom ? L'étymologie la plus vraisemblable est celle ci : *Pons arcis*, le pont de la citadelle. Elle est justifiée par ce que l'on sait de l'importance stratégique de cette localité qui fut de tout temps un point fortifié, car elle commandait à la fois le cours de la Seine et la vallée de l'Andelle.

Toute cette contrée, Pîtres, Poses, les Damps et Pont-de-l'Arche abondent en vestiges d'une haute antiquité. Les Romains, notamment, y ont laissé de curieux souvenirs que le hasard des fouilles met à jour de temps à autre : sépultures, armes, monnaies, bijoux, colliers, fibules, poteries, etc.

Entre Pont-de-l'Arche et les Damps, au confluent de la Seine et de l'Eure, au Vert-Buisson, on a constaté, en 1855, l'existence de bains romains.

Les vieux chroniqueurs mentionnent au ixe siècle une incursion de la flotte des Danois, conduits par Sidroc. En 864, Charles-le-Chauve fit établir un pont pour arrêter les barques normandes, ce qui n'empêcha pas Rollon de s'emparer de la ville.

Successivement sous Philippe-Auguste, pendant la guerre de Cent ans, sous Henri IV et durant toute la période de la Fronde, le rôle de Pont-de-l'Arche fut important. Son histoire a été écrite plus d'une fois.

Le pont a été longtemps le plus beau qui fût sur la Seine. Au xviie siècle, il comptait vingt-deux arches ; plus tard, on en ajouta deux autres pour remplacer les ponts-levis. Le château-fort qui le défendait était bâti dans une petite île, vers la rive droite.

Il devait avoir sa légende et l'eut en effet. Mais je ne crois pas qu'elle lui appartienne en propre, car je l'ai maintes fois retrouvée à propos de travaux analogues dans le Midi de la France, en Allemagne et en Suisse. La dénomination de « Pont du Diable » est assez commune, et les légendes qui s'y rapportent sont à peu près identiques.

Voici celle du vieux pont de Hasdams, nom qu'avait, à l'époque Celtique, l'emplacement actuel de Pont-de-l'Arche.

Quand on le construisit on n'éprouva de difficultés que pour la dernière arche. Le travail fait dans le jour s'éboulait la nuit ; les pierres s'allongeaient ou se rétrécissaient ; le meilleur ciment s'en allait comme du sable fin. L'architecte désespéré s'arrachait les cheveux. Cette ressource finit par lui manquer, et alors il se voua au diable, qui l'entendit.

Satan lui apparut dans le costume traditionnel et proposa un marché à l'architecte. Celui-ci devait lui vendre l'âme de la première créature qui franchirait le pont ; en échange, les puissances infernales achèveraient l'arche interminable. Le pacte fut conclu, et, le matin, les gens de la vallée, émerveillés, s'assemblèrent pour admirer l'œuvre. Le seigneur de l'endroit, prévenu, arriva avec une suite nombreuse et s'engagea à accorder à l'architecte telle faveur qu'il voudrait lui demander.

Notre homme n'était pas sans remords. Toute la nuit, il avait médité sur les conséquences du pacte et comprenait quelle responsabilité pèserait sur lui au jugement dernier quand il lui serait demandé compte de l'âme innocente livrée ainsi aux flammes de l'enfer. Mais il n'était pas moins malin que ses confrères du XIXe siècle, et à force de réfléchir, il trouva le moyen de rouler gentiment le diable.

Il demanda qu'on lui donnât un âne et la permission d'éprouver lui-même la solidité de la dernière arche. Puis, s'armant d'un aiguillon, il poussa devant lui le baudet qui fut ainsi la première créature vivante ayant franchi le pont. Satan, prodigieusement vexé, jura, mais un peu tard, qu'on ne le reprendrait plus à passer des marchés à forfait avec les architectes normands.

On présume que le pont primitif fut détruit en 1203,

en même temps que furent démantelés, par ordre de Jean-Sans-Terre, les châteaux de Pont-de-l'Arche, de Moulineaux et de Montfort. Il fut promptement reconstruit.

On n'en finirait pas, sauf au prix d'un volume entier, si l'on voulait relater toutes les légendes fondées ou non, tous les épisodes historiques, tous les incidents bizarres relatifs à Pont-de-l'Arche.

Parmi ces derniers, en voici un qui ne manque pas d'originalité, et que citent la *Revue historique des cinq départements* et la *Revue de l'Eure.*

En 1408, un porc avait « muldry et tué » un petit enfant. Il fut conduit à la prison du Pont-de-l'Arche le 21 juin, et, le 13 juillet, le bailli de Rouen, siégeant dans la première ville, le condamna à mort pour son crime. L'exécution de la sentence eut lieu deux jours après; l'animal « fut pendu par les garès à un des postes de la justice du Vaudreuil ». Pour avoir nourri le coupable pendant les 24 jours de sa captivité, le geôlier reçut, des mains du vicomte du Pont-de-l'Arche, la somme de 4 sous 2 deniers. C'était le même taux que pour la nourriture des hommes détenus alors dans la même prison.

Reprenons maintenant notre marche, un instant suspendue par cette digression. En quittant le pont, on voit à gauche un hôtel bien connu des artistes normands et parisiens qui viennent en villégiature dans les environs, l'hôtel de la Normandie. Le propriétaire, M. Gonnord, a eu l'heureuse pensée de garder de leur séjour un souvenir durable. Il a multiplié dans la salle à manger les placards en les faisant étroits et hauts. Vous êtes certainement anxieux de savoir quel rapport ces fouilles dans les murailles peuvent offrir avec l'art. Eh bien ! voici. Le placard n'est qu'un prétexte à panneaux. Chacun des deux battants qui les ferment est divisé en trois compartiments, dont l'intermédiaire, au rebours des deux autres, est plus large que haut. Sur chacun d'eux, un peintre, selon son inspiration, a brossé ici une scène champêtre, là un portrait, là une allégorie. là un coin de Pont-de-l'Arche. Certains de ces panneaux, signés Joubert, Renault, Hédou, Jourdeuil, de Vergèse, Baillet, sont de charmants tableaux, pleins de relief et de coloris, et surprennent agaéablement les convives, peu habitués à de pareils régals dans un hôtel de bourgade rurale.

En s'avançant dans Pont-de-l'Arche, on gagne la place où s'élève le buste d'Eustache-Hyacinthe Langlois, né en cette localité le 3 août 1777, mort à Rouen le 29 septembre 1837. Les restes du célèbre graveur reposent au Cimetière-Monumental ; c'est sur sa tombe que fut placée l'une des deux pierres druidiques de la forêt de Rouvray.

De là, il faut aller visiter l'église.

L'église de Pont-de-l'Arche, dédiée à Saint-Vigor, évêque de Bayeux, est un magnique édifice du XVIᵉ siècle, malheureusement inachevé, et sa façade est l'une des plus élégantes et des plus richement fleuries que l'on puisse voir. Les sculptures de l'extérieur et celles du cul-de-lampe qui décore l'une des intersections des nervures de la voûte sont ciselées avec une merveilleuse délicatesse. La chaire et les quarante-six stalles du chœur, en chêne sculpté, proviennent de l'abbaye de Bonport. Il faut citer aussi les fonds baptismaux, l'entre-retable avec ses colonnes torses et ajourées, et ses médaillons, ainsi que les orgues, présent d'Henri IV, et les verrières. Un des vitraux représente la ville, les fortifications et le pont au xvie siècle.

Il est entendu, n'est-ce pas ? que le temps dont nous disposons pour nous promener nous est étroitement mesuré. Donc, après un coup-d'œil sur les fortifications, nous descendrons sur la berge de la rive gauche et, la suivant dans la direction d'Elbeuf, nous nous rendons à l'abbaye de Bonport.

L'ABBAYE DE BONPORT.

UN VŒU DE RICHARD CŒUR-DE-LION.

L'ABBAYE DE BONPORT.

PHILIPPE DESPORTES. — MELCHIOR DE POLIGNAC.

LES RUINES.

SUR LES BERGES. — UN MARAIS EN MINIATURE.

BONNE CHASSE A FAIRE.

La plupart des monastères ont été bâtis par des rois ou de puissants seigneurs, soit purement par acte de piété, soit en accomplissement d'un vœu. Selon Hyacinthe Langlois, voici à quel événement est due l'origine de l'abbaye de Bonport.

Le 4 octobre 1190, Richard Cœur-de-Lion chassait sur la rive droite de la Seine, alors boisée, et dont les berges étaient, comme elles le sont encore aujourd'hui, fort escarpées. Sa monture s'emporta, il ne put la maîtriser et fut avec elle précipité dans le fleuve. En grand danger de périr, il fit vœu de construire un

monastère à l'endroit où une intervention tutélaire
lui permettrait d'aborder. Son cheval, nageant avec
vigueur, parvint à gagner la rive opposée. Richard y
fonda, sous le vocable de Notre-Dame-de-Bonport, une

Ruines de l'Abbaye de Bonport.

abbaye qu'il donna à des moines de l'ordre de Citeaux
et dota richement.

Il serait aussi imprudent de nier que d'affirmer
l'authenticité de cette légende; néanmoins, même si
on la tient pour véridique, il y a lieu de contester la
date indiquée, car en octobre 1190, le roi d'Angleterre
guerroyait en Palestine avec Philippe-Auguste contre
les infidèles. Il est vraisemblable que l'abbaye fut
construite en 1189, puisque, dans la nomenclature de
ses abbés mitrés, le premier, Clément, était déjà en

fonctions en 1190. Elle eut une succession ininterrompue de vingt-trois abbés portant la crosse ; puis
des abbés commandataires leur succédèrent. L'un
d'eux fut le poète Philippe Desportes, oncle de
Mathurin Regnier. Henri III, qui l'aimait beaucoup, lui
donna quatre abbayes, parmi lesquelles Bonport. Il
y écrivit une partie de ses œuvres, notamment une
pièce charmante sur la préférence que, quoique fort
riche, il accordait à la campagne sur le séjour des
villes et de la cour. J'en détacherai quelques **vers**,
pleins de grâce émue :

> Si je ne loge en ces maisons dorées,
> Au front superbe, aux voûtes peinturées
> D'azur, d'esmail et de vives couleurs,
> Mon œil se paist des trésors de la plaine,
> Riche d'œillets, de lis, de marjolaine,
> Et du beau teint des printanières fleurs.
>
> Ainsi vivant, rien n'est qui ne m'agrée :
> J'oy des oiseaux la musique sacrée,
> Quand au matin, ils bénissent les cieux.
> Et le doux son des bruyantes fontaines
> Qui vont coulant de ces roches hautaines
> Pour arrouser nos prés délicieux.
>
> Doulces brebis, mes fidelles compagnes,
> Hayes, buissons, forest prez et montagnes,
> Soyez témoins de mon contentement ;
> Et vous, ô dieux ! faites, je vous supplie,
> Que cependant que durera ma vie,
> Je ne connoisse un autre changement !

Il est assez piquant d'entendre l'abbé Desportes
invoquer les dieux de la mythologie. Ils exaucèrent
d'ailleurs son vœu et au-delà, puisqu'il mourut à
Bonport et y fut inhumé.

Un autre abbé commendataire de Bonport fut Melchior de Polignac, archevêque d'Auch. Il y composa son fameux poëme de l'Anti-Lucrèce.

Voyons maintenant ce qu'il reste de cet opulent passé.

Sur la berge, en face des bacs qui servent au passage des voitures et des bestiaux dans l'île de Bonport, une des plus grandes de la Seine, une porte à plein cintre donne accès dans l'abbaye. Elle ouvre sur une cour dans laquelle aboutit un grand escalier de pierre. Les deux importants bâtiments qui subsistent sont le réfectoire et l'ancien logis abbatial, occupé aujourd'hui par M. Lenoble, et à l'angle duquel on remarque une tourelle en encorbellement d'un beau caractère. Le réfectoire est splendide. On sait que les moines apportaient une recherche particulière dans l'aménagement de leurs salles à manger; celle-ci est d'une ampleur et d'une beauté peu communes, et le réfectoire de l'ancienne abbaye de Saint-Ouen ferait pauvre figure à côté d'elle. Sur la Seine, la façade prenait jour par une immense baie en ogive et à colonnettes élégantes, qui lui donnait l'apparence d'une chapelle. A l'intérieur, la voûte est en ogives à arêtes ; les travées en sont mesurées par des colonnes en faisceaux appuyées aux murailles ; sur la façade opposée il existait une grande rosace dont il ne reste plus que quelques débris. On voit encore la chaire, du haut de laquelle un Père faisait la lecture pendant le repas, le guichet, très large, par où les mets passaient de la cuisine dans le réfectoire, et dans l'épaisseur des parois, d'élégantes petites niches qui servaient sans doute pour la desserte des tables.

L'ancien logis abbatial comprend une série de magnifiques salles à voûtes ogivales.

De l'église, il n'y a plus que l'emplacement, assez nettement dessiné par des débris de piliers dont les proportions peuvent donner une idée de l'importance qu'elle avait avant sa destruction.

Les ruines de l'abbaye de Bonport, fort délabrées quand M. Lenoble en a fait l'acquisition, ont été par lui restaurées à grands frais et avec un soin scrupuleux. On en a respecté le style et le caractère, et quand l'ensemble du plan dressé par un des premiers architectes de Paris aura reçu son exécution, la propriété de Bonport sera l'une des plus belles et des plus intéressantes de la Normandie.

Les propriétaires actuels n'en jouissent pas en égoïstes, car des ordres sont donnés pour que, même en leur absence, les visiteurs soient reçus avec toute la complaisance désirable. Aussi chaque année, pendant la belle saison, tout un monde de touristes, d'antiquaires et d'artistes prend-il l'abbaye pour but de pèlerinage.

Les alentours en sont d'ailleurs charmants. Je me souviens d'avoir vu, un jour d'été, toute une file de peintres échelonnés de Bonport à Criquebeuf.

Les botanistes eux-mêmes y feront de bonnes rencontres. Sur les talus proches du mur d'enceinte, ils récolteront en abondance, de mai à juin, la plus belle de nos saxifragées indigènes, la *Saxifraga granulata*, la Stachyde d'Allemagne (*Stachys Germanica*), l'Armérie à feuilles de plantain (*Armeria plantaginea*).

Dans le bras d'eau de Criquebeuf, une jolie gentianée, la Villarsie (*Villarsia nymphoïdes*), et une plante nouvelle pour la flore normande, découverte en 1885 par M. Théodore Lancelevée, la Vallisnérie (*Vallisneria spiralis*), dont les curieuses amours ont si souvent inspiré les poètes ; le Nénuphar jaune (*Nuphar lutea*) ; sur les berges, le Pouliot (*Mentha pulegium*) et plusieurs Epilobes, entre autres *Epilobium hirsutum* ; l'Arabette des sables (*Arabis arenosa*) ; une Passerage, le *Lepidium latifolium* ; le Butome et l'une des plus élégantes habitantes du bord des eaux, la Sagittaire (*Sagittaria sagittæfolia*).

Aux abords de la route de Pont-de-l'Arche, le Silène penché (*Silene nutans*).

Je ne signale. bien entendu, que les plantes rares ou peu communes. Mais « le commun des mortels » y moissonnera, de mai à septembre, à pleines brassées, des fleurs charmantes de forme et de coloris.

La grande Pàquerette, la Reine des prés, la Salicaire, la Glycérie, la Valériane, les Menthes, les Arundo, vulgairement roseaux, les Inules, la Tanaisie (ou chartreuse, plante fort utile pour ses propriétés toniques et vermifuges), composent des bouquets qui, pour n'avoir point le mérite de la rareté, n'en sont pas moins frais, élégants et marqués de cette grâce sauvage que l'on cherche vainement dans les correctes conquêtes de l'horticulture moderne.

Il convient d'ajouter un court chapitre à cette partie de l'excursion qui a trait à l'histoire naturelle.

J'ai donné le conseil de partir par le bateau-omnibus de Rouen, de descendre aux Authieux-sur-le-Port-Saint-Ouen, de gagner Pont-de-l'Arche par Igoville et de revenir par le chemin de fer.

Les naturalistes feront bien, en dressant le programme de leur journée, de réserver une heure au moins pour l'exploration des petits marécages qui se trouvent contre la gare, entre la prairie et le talus de la route.

Quand on construisit la ligne de Paris à Rouen, on enleva de cet endroit une quantité énorme de sable et de ballast. Sous le sol perméable, une couche d'argile arrêta l'eau des pluies et des inondations, et bientôt une abondante végétation couvrit les excavations et en fit comme la réduction fidèle d'un marais. Un grand nombre des plantes aquatiques y croissent; nous y recueillerons, entre autres, une curieuse hydrocharidée, originaire de l'Amérique du Nord, la Stratiote (*Stratiotes aloides*). La Stratiote, naturalisée au marais d'Heurteauville dont elle emplit aujourd'hui les fossés, a l'apparence d'un Bromelia, avec son ample rosette de feuilles en glaive, triangulaires et dentées sur les trois bords. Elle vit parfaitement dans les aquariums, où, pendant l'été, on verra éclore ses petites fleurs blanches à trois pétales.

Dans les flaques d'eau, en pêchant avec un troubleau, on ramènera les batraciens communs à toutes nos mares, tritons, grenouilles et crapauds; des coquilles appartenant aux genres *Cyclas*, *Lymnæa* et *Physa*; des insectes d'eau, tels que *Dyticus marginalis*, *Hydrophilus piceus* au ventre lamé d'argent, *Hydrocharis caraboides*; j'y ai capturé, en 1882, le rare *Cybister Rœseli*, le plus beau et le plus habile nageur de tous nos insectes aquatiques, aux élytres vert olive, vernissées et bordées d'une fine bande dorée.

M. Pierre Noury m'y a signalé la présence d'un très curieux crustacé, un apode, le *Lepidurus apus*, que

M. Alfred Poussier a trouvé également dans les fossés de Sotteville et de Quevilly.

On voit que le butin ne manque pas, et que l'excursion à Pont-de-l'Arche et Bonport était tout indiquée pour figurer en bonne place dans l'ensemble de notre programme.

Elle a, sur quelques autres, l'avantage de n'être nullement fatigante, et les moins ingambes la peuvent accomplir en une demi-journée, en allant et revenant par le chemin de fer.

V

LA SEINE EN AVAL

CROISSET. — DIEPPEDALLE.

LE BATEAU DE LA BOUILLE. — LES BATEAUX-OMNIBUS.
CROISSET. — UN HABILE STRATAGÈME.
UNE VIEILLE PORTE. — LA MAISON DE FLAUBERT.
LE COUVENT DE SAINTE-BARBE.
DIEPPEDALLE. — VIEILLES MAISONS.

Le plan qui a été adopté pour notre exploration des environs de Rouen n'a rien de géographique. Il m'a semblé préférable de grouper les sites ou les localités par régions naturelles et non selon un ordre rigoureusement méthodique. C'est ainsi que, tout en étant en aval de Rouen et sur les bords de la Seine, Saint-Pierre-de-Manneville, Quevillon et Saint-Georges-de-Boscherville ont été compris dans les excursions en forêt de Roumâre, au lieu de s'ajouter au chapitre qui s'ouvre ici.

Sous le titre de la Seine en aval de Rouen, il n'a été réuni que les stations auxquelles conduisent soit les bateaux de La Bouille, soit les bateaux-omnibus. Il m'a paru qu'il résulterait de cette classification, tout arbitraire qu'elle fût, une commodité plus grande pour ceux auxquels il conviendrait de prendre ce livre pour compagnon de promenade.

Le trajet de Rouen au Havre est justement célèbre

mais il doit peut-être le meilleur de sa renommée à la partie comprise entre Rouen et La Bouille. Le proverbe « Qui n'a pas vu Paris et La Bouille n'a rien vu », est trop connu pour qu'on puisse se dispenser de le consigner ici, sous peine d'être taxé d'ignorance des choses dont on veut parler. Ajoutons que l'ironie dont il est fait n'est cependant pas sans un grain de vérité. Je ne crois pas, en effet, que dans toute la moitié de la France située au nord de la Loire, on puisse nulle part jouir d'un panorama plus large et plus séduisant que celui que l'on a des hauteurs de La Bouille. Je ne serai certainement contredit que par ceux qui ne l'auront pas vu.

Ainsi s'explique le goût si vif des Rouennais pour les localités où font escale les bateaux à vapeur, et notamment pourquoi, le dimanche, la vénérable *Union*, dont l'étage en plate-forme rappelle les grands steamboats de l'Amérique, débarque à Croisset, Dieppedalle, Biessard, le Val-de-la-Haye, Hautot, Sahurs et La Bouille, les promeneurs par milliers.

Les bateaux-omnibus ne vont encore que jusqu'à Dieppedalle, mais ils se rachètent un peu de cette infériorité par la fréquence plus grande des départs.

La première station de la rive droite que l'on rencontre en quittant Rouen est Croisset.

C'est une section de la commune de Canteleu, dont dépendent Bapeaume, Croisset et Dieppedalle, que l'on prend souvent pour autant de communes distinctes, à cause de leur étendue et de leur situation au bas du coteau élevé où Canteleu est bâti. Le territoire de Canteleu embrasse d'ailleurs près de 2,000 hectares, alors que celui de Rouen n'excède guère 1,800.

L'importance de Croisset a été considérable. Des fortifications le défendaient jadis ; au XVIe siècle, son port armait des navires pour la pêche de la morue et reçut, à diverses époques, des flottes de guerre. L'histoire nous a même transmis le récit d'un curieux épi-

Vieille porte à Croisset.

sode dont Gabriel de Montgomery fut le héros. En 1562, il était venu défendre Rouen contre l'armée d'Henri III. Celle-ci, s'étant emparée de la ville par surprise, pensa couper la retraite à Montgomery en lui fermant le passage par une chaîne tendue à fleur d'eau en travers du fleuve. Mais le vaillant huguenot était fécond en ressources. Se rappelant un stratagème dont les anciens avaient usé en pareil cas, il massa son équipage à l'arrière du navire, et quand celui-ci eût la proue soulevée par-dessus la chaîne, il releva la poupe en reportant la charge sur l'avant et franchit ainsi l'obstacle.

Canteleu possède plusieurs châteaux modernes, dont
quelques-uns sont fort beaux. A Croisset même, il ne
subsiste rien de ceux dont la tradition a légué le souvenir très vague. Un manoir important devait exister

Dieppedalle.

à gauche du chemin, sur les bords de la Seine. Il en
reste une très belle porte de style Louis XIII, à laquelle
un épais fronton de lierre donne un air romantique.
Elle se trouve dans le hameau même, à quelques centaines de mètres en amont du débarcadère, et a été
souvent reproduite par la gravure et la photographie.

Un peu plus bas, une usine regarde la Seine par
d'immenses baies vitrées ; de ses flancs s'échappe
une buée capiteuse; on dirait l'haleine d'un mons-
trueux ivrogne accoté à la falaise. C'est la distillerie de
Croisset, bâtie de toutes pièces sur l'emplacement de
la maison de Gustave Flaubert, impitoyablement rasée.

Il n'en a été conservé qu'un petit pavillon. Si l'âme
de l'illustre prosateur y vient errer la nuit, elle ne retrouve plus ce qu'il aimait tant : son allée de marron-
niers, l'air pur des coteaux, la calme sérénité du ciel

Dieppedalle. — Le Couvent de Sainte-Barbe.

d'été se mirant dans le fleuve. Ainsi l'a voulu la spé-
culation industrielle. Mais avait-on respecté davantage
la maison où était né et où avait vécu Pierre Corneille ?
Il faut avouer que ce que l'on appelle la civilisation
n'a parfois rien à reprocher à ce que l'on a nommé le
vandalisme des temps barbares.

Encore quelques tours de roues, et commence le
défilé des vastes caves où, naguère, Rouen et Paris
avaient leurs dépôts de sels et où les vignerons de
Canteleu abritaient leur vin, sans doute un tantinet
aigrelet.

Un peu avant l'escale de Dieppedalle, le couvent de
Sainte-Barbe, bâti dans le style roman et collé à la

falaise, est d'un aspect très pittoresque, avec son entourage de vieilles maisons ; il rappelle un peu certains paysages de la Suisse. A quelque deux cents mètres de là, on passe devant une curieuse maison, partie du xve, partie du xvie siècle, dans la cour de laquelle, avec un peu d'imagination, on a comme une brusque vision du moyen-âge.

Vieille Maison à Dieppedalle.

En suivant le cours de la Seine, on arrive à l'entrée de la cavée de Dieppedalle.

Les coteaux couronnés de bois taillis qui le dominent à droite sont intéressants sous le rapport de la flore. Au printemps, l'Anémone pulsatille y ouvre ses corolles dont les larges pétales violets enveloppent un gros chaton d'or. Un avis en passant : c'est une fleur qu'il ne faut pas se mettre aux lèvres, car si l'on mâchonnait la tige, il en pourrait cuire. Un peu plus tard, de mai à juillet, on y peut recueillir une jolie gentianée, dont les feuilles glauques, mates et fermes sont traver-

sées par une tige au sommet de laquelle s'épanouis-
sent de belles fleurs jaune d'or; c'est la Chlore perfoliée (*Chlora perfoliata*);— la Mélitte (*Melittis melisso-
phyllum*) à fleurs blanches et roses, la plus grande de
nos labiées indigènes ; — l'Ancolie, la plus élégante,
peut-être, des fleurs de nos bois; — une liliacée déjà
observée à Saint-Adrien, le *Phalangium ramosum* —
et toute une série d'orchidées, la Pentecôte (*Orchis
mascula*), l'Aceras pyramidal, l'Ophrys abeille (*Ophrys
apifera*), et une très curieuse plante, assez abondante
sur tous nos terrains calcaires, à laquelle son long
labelle en papillottes et son odeur caractéristique ont
fait donner le nom de « Bouc », l'*Aceras hircina*. Je
ne cite, bien entendu, que les végétaux les plus intéressants ; ceux qui sont communs à nos environs, les
anémones, les primevères, les jacinthes s'y rencontrent aussi avec les grandes marguerites, les coqueli-
licots, les verges d'or, les briza. Quelle gerbe pleine
de grâce champêtre et de coloris !

À mentionner encore, dans le règne végétal, l'é-
norme marronnier que l'on voit sur la route, entre
Croisset et Dieppedalle, et deux tilleuls, également sur
la route, entre Dieppedalle et Biessard.

LE VAL-DE-LA-HAYE.

BIESSARD. — LE VAL-DE-LA-HAYE.
LA COMMANDERIE DE SAINTE-VAUBOURG.
LA COLONNE COMMÉMORATIVE.
UNE LEÇON DE CHARITÉ.

Après Biessard, dont il a été dit un mot à propos de l'excursion de Quevillon, et qui est encore un hameau de Canteleu, le bateau de La Bouille fait escale au Val-de-la-Haye, l'une des plus coquettes stations du parcours.

L'histoire du Val-de-la-Haye est fort intéressante. Le village avait déjà une certaine importance dès le VIIIe siècle, et les rois d'Angleterre, ducs de Normandie, y venaient volontiers en villégiature au XIIe siècle. Selon M. l'abbé Tougard, le nom de Haye, qui signifiait, au Moyen-Age, enclos pour la chasse, fut donné à cette localité parce que Guillaume-le-Conquérant y avait bâti un manoir entouré d'un parc. C'est ce manoir, agrandi par Henri Ier et désigné sous le nom de Sainte-Vaubourg, qui fut par lui donné aux Templiers en 1173.

La commanderie de Sainte-Vaubourg prospéra et était l'une des plus florissantes de l'ordre du Temple quand s'ouvrit, sous Philippe-le-Bel, le procès qui se termina par la spoliation des biens de cette puissante institution.

Le débarcadère du bateau de La Bouille est en aval d'une très vieille maison du XVe siècle; c'est plus

loin, à la station dite de Couronne, que l'on rencontre la
route qui monte à l'église du Val-de-la-Haye. Le pres-
bytère est à droite, le château moderne, à gauche. En

Grange dîmeresse, au Val-dela-Haye.

continuant de gravir la petite côte, on voit ce qu'il subsiste de l'ancienne commanderie de Sainte-Vaubourg.
Une partie de la ferme actuelle est une construction du
XIIe siècle; dans la cour, on remarque une belle et
vaste grange, bâtie sous Saint-Louis, et où le clergé de
la contrée enfermait les produits de la dîme. L'intérieur
en est partagé en trois nefs par des piliers de bois.
Tout au sommet du coteau, on a, à droite et gauche,
une magnifique route, ombragée de grands arbres et
sur laquelle descend une pelouse gazonnée.

Dans le bois de la Commanderie, qui confine à la
forêt de Roumare, on trouve des bornes de pierre où
l'on distingue encore les armoiries des commandeurs.

Si l'on redescend vers la Seine, dans la direction du
courant, on arrive auprès d'une autre station du bateau
de La Bouille, celle de Couronne, dont il vient d'être

parlé, près de la colonne commémorative érigée par souscription le 15 août 1844. Elle marque l'endroit où, le 9 décembre 1840, les cendres de Napoléon Ier, ramenées de Sainte-Hélène par le prince de Joinville, touchèrent pour la première fois le sol français. C'est un monument d'ordre dorique, surmonté d'une aigle de bronze aux ailes à demi-repliées.

Le Val-de-la-Haye a conservé une légende sur Sainte-Vaubourg, fille d'un chef normand nommé Richard.

Elle avait l'habitude de traverser la Seine pour se rendre en prière à l'église de Grand-Couronne, et toujours les flots s'écartaient devant elle, la laissant passer à pied sec.

Un jour, elle se croisa sur la berge avec une bande de soldats qui entraînaient au gibet un malheureux condamné à mort. Le pauvre diable implora sa compassion ; elle s'arrêta et demanda pourquoi on le voulait pendre.

— C'est, lui dirent les soldats, un misérable qui s'appropriait le bien d'autrui.

— Oh bien! répondit-elle, que justice soit faite. » Et elle continua sa route.

L'homme fut pendu ; mais le soir, quand la trop peu compatissante Vaubourg, revenant de Couronne, voulut franchir le fleuve comme elle en avait l'habitude, l'eau continua de couler, et le miracle ne se renouvela plus.

Il y a, sous cette fiction ingénieuse, une assez jolie leçon de charité.

HAUTOT ET SAHURS.

DU VAL-DE-LA-HAYE A HAUTOT. — UNE BELLE ROUTE.

POUR ALLER A SAHURS, S. V. P.

COIN DE TABLEAU.

CURIEUX PRIVILÈGES. — UNE MAISONNETTE.

SAHURS. — LA JOUBARBE D'AUVERGNE.

CHAPELLE DE MARBEUF.— LE VŒU D'ANNE D'AUTRICAE.

Un jour on m'a posé cette question :

— Si vous vouliez montrer à un étranger ne dispo-sant que de quelques heures ce qu'est la Normandie, où le conduiriez-vous ?

Je n'ai pas hésité.

— Nous prendrions le bateau jusqu'au Val-de-la-Haye, descendrions à la station de Grand-Couronne, gravirions la côte par le chemin de la Commanderie et, traversant Hautot et Sahurs, passerions la Seine à la Bouille et reviendrions par la Maison-Brûlée, Mou-lineaux et la ligne d'Orléans.

Tout cela peut aisément se faire dans une matinée, et à cause de la rapidité même du trajet, il est impos-sible que l'on n'en garde pas comme le souvenir d'une éblouissante vision.

Au chapitre précédent, j'ai dit qu'après la ferme de Sainte-Vaubourg on trouvait, à droite et à gauche, une route ombragée de grands arbres, en manière d'ave-nue. En la suivant à droite, on passe devant la petite église, pittoresquement plantée au sommet du cô-teau, sur la lisière du bois, et on arrive à un raidillon qui descend à l'extrémité amont du Val-de-la-Haye.

Ce chemin est fort joli, mais ce n'est pas celui-là que nous allons prendre.

A la ferme, nous tournerons à gauche et gagnerons lentement Hautot.

— Pourquoi lentement ?

— Ma foi, allez-y, et si vous vous sentez capable de mettre moins d'une demi-heure pour franchir le kilomètre qui vous sépare du coude de la route, c'est que vous serez incurablement réfractaire aux impressions qui ravissent d'allégresse l'âme des vrais amants de la nature. A chaque pas, un regard en arrière sur l'avenue qui se creuse et se relève, un coup d'œil à gauche sur le magnifique parc qui borde la route, un autre sur le bois plein de fleurs, de bouleaux argentés, de mésanges, de pinsons et de fauvettes, — et voilà autant d'invincibles solliciteurs qui vous happent au passage et que vous ne quittez qu'avec un soupir de regret.

La route, à mille mètres de là, décrit une courbe au sommet de laquelle un chêne de 3 mètres de circonférence étale une immense ramure. Encore une invite à la palette ! Le chêne est à l'entrée d'un taillis précédant la forêt, sillonné de sentiers qui montent et où de nombreux bouleaux profilent élégamment sur le ciel leur tête arrondie et leur feuillage léger.

En suivant la courbe, on atteint les premières maisons d'Hautot. Si, pour opter entre les divers chemins qui se dirigent vers Sahurs, vous recourez à l'avis de quelqu'un de l'endroit, il vous répondra avec obligeance et textuellement ceci :

— Pernez la sente qu'est su' l'derrière de l'épiciai,

et pis, à draite, vos voirez un tourniquai qui vos conduira dret au cémitière. C'est l'pus court. »

C'est le plus court, en effet. Après avoir franchi deux tourniquets et passé devant le cimetière, on gagne la route de Sahurs où débouche, sur un rond-point, le parc du magnifique château de Soquence. Du rond-point part une vaste avenue de plus d'un kilomètre et demi de longueur, plantée à droite et à gauche d'une triple rangée d'arbres et aboutissant à la forêt de Roumare.

Par soi-même, Hautot, en dehors de sa situation, — la Seine à gauche, la pleine campagne et la forêt à droite, — n'offre rien de bien intéressant.

Il convient cependant de rappeler le bizarre privilège dont, avant la Révolution, jouissait le curé de l'endroit. Il pouvait marier, sans le consentement de leurs familles, les jeunes gens qui venaient lui demander de les unir. On disait « aller à Hautot » comme on dit aujourd'hui « faire le voyage de Gretna-Green. »

Ce n'était pas, d'ailleurs, le seul privilège étrange de la cure royale d'Hautot. Le desservant y célébrait la messe en costume de cavalier, bottes à éperons, et, à l'élévation, tirait en l'air un coup de pistolet. C'était, on en conviendra, un encens d'un parfum un peu bien belliqueux.

Soquence est sur le territoire de Sahurs.

A trois cents mètres du château, le chemin passe sous une nouvelle avenue, mais avant de la suivre, faisons à gauche en crochet jusqu'à l'église, qui ne manque pas d'intérêt. La façade et les bas-côtés sont du pur roman du XIe siècle ; le XVIe a remanié les fenêtres de la façade et le portail.

Revenant sur ses pas, on entre, à gauche, dans une majestueuse avenue où, bientôt, on s'arrête, fixé sur place par un « coin » bien imprévu. A droite, sous le futaie, une maisonnette semble avoir poussé au milieu des buissons d'épines et des hautes herbes constellées de fleurs ; une ligne d'iris d'Allemagne ourle la crête du chaume, et, tout autour, la végétation des forêts croît avec une surprenante intensité. Involontairement, on regarde si de la porte ne va pas surgir Robinson avec son bonnet pointu, son parasol et son perroquet sur l'épaule.

A l'issue de l'avenue, on est dans Sahurs. Le chemin à gauche, puis la route à droite traversent le pays. Au tour du botaniste de se frotter les yeux et de se demander s'il ne rêve point. Là, sur le faîte d'un vieux mur, la Joubarbe d'Auvergne (*Sempervivum arvernense*), au milieu de sa nombreuse progéniture, étale sa rosette de petites feuilles triangulaires, charnues, pareille à un minuscule artichaut. Il est probable que cette jolie plante, naturelle aux rochers granitiques de l'Auvergne, aura été acclimatée là par un naturaliste désireux de ménager une surprise aux confrères de passage à Sahurs.

Un peu plus loin, à droite, un clocheton pointu, surmontant une tourelle ajourée, s'élance gracieusement du toit d'une petite chapelle juxtaposée à l'ancien manoir des sires de Marbeuf. C'est la célèbre Chapelle-du-Vœu; combien y a-t-il de Rouennais qui connaissent ce bijou de la Renaissance et son histoire ?

Construite en 1515 par le mari de Diane de Poitiers, le pieux Louis de Brézé, maréchal de Normandie, elle s'appelait, en 1637, Notre-Dame-de-la-Paix. A ce mo-

ment, Louis XIII témoignait une froideur marquée à
Anne d'Autriche, qui n'avait pas encore assuré la sur-
vivance au trône de France, et Richelieu, dont cette
mésintelligence servait la rancune personnelle, l'en-

Chapelle de Marbeuf, à Sahurs.

tretenait habilement. Anne, qui voyageait en Normandie, vint en pèlerinage à Notre-Dame-de-la-Paix et fit
vœu, s'il lui naissait un fils, d'offrir à la Vierge une
statue d'argent massif.

Quand naquit celui qui devait être Louis XIV, elle
tint sa promesse. La chapelle de Notre-Dame-de-la-
Paix s'appela dès lors Notre-Dame-du-Vœu, et le don
d'Anne d'Autriche y fut en grande vénération. Pendant la Révolution, le chapelain craignit qu'on n'enle-
vât la précieuse statuette, qui ne pesait pas moins de
douze livres, et la cacha. Il la cacha si bien, qu'elle n'a
jamais été retrouvée.

L'entrée du manoir de Marbeuf a grand air. Elle se compose d'une arcade principale dont la voûte est à nervures et de deux autres arcades latérales ; des contreforts terminés en clochetons les séparent ; le fronton de la grande arcade est surmonté d'un arc en gothique flamboyant. Malheureusement, les lierres qui tapissent la façade cachent une partie des sculptures ; il est vrai que le pittoresque y gagne ce qu'y perd l'art architectural. A l'intérieur, la chapelle n'est pas moins remarquable, surtout par ses boiseries sculptées avec une rare délicatesse.

Un peu plus loin, à gauche, on rencontre un joli chemin qui mène directement au bac de la Bouille en coupant les prairies. A droite et à gauche, il est bordé de fossés garnis d'iris, de populages et de cardamines, et où se jouent des bandes d'épinoches, ce curieux petit poisson qui se construit un nid pour y pondre.

Voilà terminée la première moitié de notre promenade. Deux cent cinquante-trois mètres nous séparent de l'autre rive, où s'achèvera brillamment une journée si bien commencée.

LA BOUILLE.

LA BOUILLE. — « L'UNION » — AUPRÈS DU MOBILE.
LE COMBAT DE MOULINEAUX.
DIX CONTRE UN. — UNE VICTOIRE CHÈREMENT VENDUE.
PÉLERINAGE ANNUEL.

On connaît le mot du Provençal à qui l'on faisait visiter Paris. Quand il eut vu les boulevards et les Champs-Elysées, le Louvre et Notre-Dame, il s'écria, avec une conviction profonde :

— Ah ! si seulement Paris avait une Canebière, ce serait un petit Marseille !

Il n'y a pas de Méridionaux que dans le pays où fleurit l'olivier. En Normandie, nous disons couramment aux étrangers, un peu effarés de tant d'amour-propre local : « Qui n'a pas vu Paris et la Bouille n'a rien vu ! »

En réalité, nous sommes les premiers à en rire et à reconnaître que notre dicton est un peu bien hyperbolique. Cependant, le panorama que l'on a du haut de la Maison-Brûlée est vraiment admirable.

L'origine de la Bouille est très ancienne, et l'étymologie de son nom n'a pu être encore établie. Au xiiie siècle, c'était déjà un port de commerce assez important ; au xvie siècle, il armait pour les longs et difficiles voyages aux côtes du Brésil, de la Guinée et pour la pêche sur les bancs de Terre-Neuve. M. de Beaurepaire nous apprend que c'est en 1597 que furent établis les premiers « bateaux de la Bouille » faisant un service quotidien entre cette localité et Rouen. Les chevaux les hâlaient et, selon que la marée montait ou descendait, le trajet s'effectuait en trois heures ou en quatre heures.

Aujourd'hui, ce sont les bateaux à vapeur de MM. Pétigny et Bizet qui desservent la Bouille et les stations intermédiaires. L'un d'eux, le plus ancien, a été construit en 1831 sur le modèle des steamboats américains. C'est l'*Union,* populaire comme son vieux capitaine. Qui n'a entendu, le dimanche, de Rouen à Dieppedalle, les ouvriers du port saluer son passage du cri, devenu traditionnel, de : « Vive le capitaine Roussel ! »

Au siècle dernier, la Bouille comptait environ 1,000 habitants. On y fabriquait des draps estimés.

Par lui-même, le bourg n'a d'intéressant que sa situation exceptionnellement pittoresque sur les bords du fleuve, au pied des grands coteaux que couronne la forêt de la Londe. On y remarque un certain nombre d'anciennes maisons gothiques dont l'une, sur la place Saint-Michel, aurait donné l'hospitalité à Louis XI quand il vint, en 1467, recevoir à la Bouille le duc de Warwick, ambassadeur d'Angleterre. On désigne sous le nom d'hôtel Saint-Michel une construction du xvıe siècle, dans l'angle de laquelle est encastrée une statue de bois représentant l'archange.

Tout voyage à la Bouille implique un pèlerinage à la Maison-Brûlée. C'est d'obligation. On s'y rend en voiture par la route, ou à pied par les raidillons, dont la montée n'est pas trop rude. Il y en a deux, l'un à droite, l'autre à gauche de l'église ; ils sont très agrestes et peuvent fournir aux dessinateurs plus d'une jolie page d'album.

Je conseille de gagner la côte en prenant le raidillon que l'on trouve à droite, entre l'église et la place Saint-Michel, et qui débouche sur la grande route ; on suivra celle-ci à gauche jusqu'au monument du Mobile.

Sur un haut piédestal de pierres et de briques, une statue de bronze se dresse, fière et calme. C'est un

Monument du Mobile.

Dans le Raidillon.

garde-mobile, debout, sac au dos, les bras croisés et reposant sur le canon du fusil. Son regard est tourné vers l'est. Interroge-t-il les sombres profondeurs de la forêt, et son oreille vibre-t-elle encore au murmure des masses allemandes gravissant les contreforts de Robert-le-Diable ?

Non. L'œil est reposé. Le soldat de bronze, chef-d'œuvre d'Aimé Millet, personnifie la France silencieuse, forte et recueillie, attendant sans crainte et sans impatience l'heure où ses fils vengeront les mânes des héros dont les ossements reposent sous le monument de la Maison-Brûlée.

C'est là qu'ont été transférés les restes des français tombés dans les combats livrés sur les hauteurs de Moulineaux, du 30 décembre au 4 janvier, et dont le dernier constitue l'un des plus glorieux faits d'armes de la guerre franco-allemande.

Les Prussiens occupaient Rouen et s'étaient fortifiés de tous les côtés. Ils tenaient la forêt de la Londe jusqu'à Elbeuf, Bourgtheroulde et Bourg-Achard, commandant ainsi la route nationale, la ligne du chemin de fer et le cours de la Seine en amont et en aval de Rouen.

Le 29 décembre, une fraction de la petite armée du général Roy les délogea de Bourgtheroulde sans combat. Le 30, elle s'empara des positions de la Maison-Brûlée et de Robert-le-Diable. La colonne, composée de 1500 hommes appartenant surtout aux mobiles de l'Ardèche, des Landes, de l'Eure et aux francs-tireurs du Calvados et de l'Eure, infligea aux Allemands un échec sensible et les refoula jusqu'au-delà de Grand-Couronne ; en même temps, une deuxième colonne les chassait de la Londe, d'Orival et d'Elbeuf, les obligeant à faire sauter les ponts pour protéger leur retraite.

Le lendemain matin, le poste du château de Robert fut repris par les Prussiens. Dans cette affaire, comme il arrive si souvent, le burlesque se mêla au tragique. Le lieutenant-colonel Thomas, dans sa relation de la campagne des mobiles de l'Ardèche en Normandie, relate ce bizarre incident.

Les Prussiens avaient fait prisonniers un certain

nombre de mobiles des Landes sur le plateau de Robert-le-Diable, et après les avoir désarmés, fraternisaient avec eux, leur passant leurs casques et prenant leur képis. A ce moment, le capitaine Tournaire arrive avec la 7me compagnie du bataillon de l'Ardèche, se repliant devant une colonne allemande. L'officier prussien s'avance vers lui et l'invite à lui remettre son sabre.

— Pas du tout, s'écrie le capitaine, c'est vous qui êtes mon prisonnier !

Et il le saisit à bras-le-corps. Les soldats allemands bondissent sur leurs armes. Le capitaine Tournaire se rend compte alors de la situation, rallie ses hommes d'un coup de sifflet et, poursuivi par des décharges de mousqueterie, parvient cependant à gagner la Maison-Brûlée.

Dans la journée, le 1er bataillon de l'Ardèche et deux compagnies de l'Eure réoccupèrent Château-Robert, malgré la vive résistance des Prussiens soutenus par toute une batterie d'artillerie. Nos troupes s'y installèrent fortement, l'importance de la position donnant à penser que l'ennemi chercherait à la ressaisir.

Les combats des 30 et 31 décembre ne devaient être, en effet, que le prélude d'une action bien autrement sanglante.

Les journées des 1er, 2 et 3 janvier furent tranquilles. Cependant les prussiens exécutaient des travaux pour barrer la plaine et la route |de Grand-Couronne et préparaient une attaque par la forêt de la Londe. De leur côté, les troupes françaises ne restaient pas inactives et, sous la conduite du lieutenant-colonel Thomas, ancien officier du génie, établissaient des abattis, creusaient des tranchées et transformaient le plateau de Robert-le-Diable en camp retranché; en même temps, les bords de la Seine, de la Bouille à Bardouville, étaient l'objet d'une surveillance constante. On put ainsi, le 3 janvier, déjouer une tentative des Prussiens pour passer la Seine à Duclair.

Depuis deux jours on attendait l'attaque d'un moment à l'autre; on savait que des forces considérables étaient massées à Rouen. La garde de Château-Robert fut portée de 1000 à 1500 hommes.

Le froid était excessif, de 15 à 18 degrés; la neige durcie couvrait le sol; la Seine était prise d'une rive à l'autre. Le 4 janvier, vers deux heures du matin, une brume épaisse vint rendre plus opaques encore les ténèbres de la nuit. Depuis deux jours les feux de bivouacs n'étaient plus allumés. Engourdis par la fatigue et l'immobilité, les avant-postes et les sentinelles sommeillaient. Vers trois heures et demie un forestier se fait reconnaître.

— Les Prussiens!

Le poste sort. Impossible à l'œil le plus perçant de sonder l'obscurité. Le sous-officier, à peine tiré de sa torpeur, tend l'oreille. Au loin on entend, vers Moulineaux, comme un bruissement confus et des craquements de branches.

— C'est la gelée, murmure le sergent.

— Ou bien des chevreuils, dit un soldat.

— C'est plutôt des sangliers qui débuchent, observe un troisième.

Celui-ci avait raison. C'était une innombrable horde de sangliers, venus des massifs de la Forêt-Noire. Ils étaient au moins quinze mille.

Avec cette insouciante légèreté qui nous fut si souvent fatale pendant la guerre de 1870, le poste, con-
vaincu que c'était une fausse alerte, rentre sans donner
l'éveil à la garnison. Une demi-heure plus tard, une
fusillade terrible éclate. D'épaisses colonnes prussiennes ont gravi les pentes de la forêt et attaquent les
grand'gardes. Une demi-compagnie est prise avant
d'avoir pu tirer un coup de fusil.

Cependant, nos troupes réveillées en sursaut ont
pris les armes, et dès que les éclairs des décharges
leurs ont indiqué la présence de l'ennemi à moins de
cinquante mètres, ouvrent sur lui un feu roulant.
Mais les Allemands sont dix contre un. Une colonne
descendue de la forêt prend en face les défenseurs du
château; une deuxième colonne, venant des Longs-
Vallons, et une troisième partie de Moulineaux as-
saillent par les flancs les défenseurs du château qui
ne reculent pas d'une semelle, quoiqu'au milieu d'eux
éclatent les obus d'une batterie prussienne, abritée
par l'épaulement de Couronne, et dont le tir a été
réglé la veille.

D'instants en instants, au milieu du fracas des déto-
nations et des hurrahs allemands, la voix de nos
officiers retentit, stridente.

— Courage, mes enfants, cela va bien !

On l'entend de l'autre rive de la Seine, au Val-de-la-
Haye et même à Sahurs.

Nos soldats se battent avec fureur. La fièvre du
combat allume leurs veines. On dirait que l'âme du
redoutable duc normand, sortie des murs écroulés de
son donjon, combat avec eux. Aux clameurs rauques
des ennemis, ils opposent le chant enthousiaste de la

Marseillaise; le souffle des héros de Jenmapes et de Valmy a passé sur les fils de la nouvelle République. Leur feu plongeant décime les files épaisses des Prussiens, qui tombent comme des feuilles sous le vent de l'ouragan.

Les assaillants hésitent; la vigueur de la défense leur fait croire qu'ils ont devant eux tout un corps d'armée. Pendant ce répit, l'aube commence à poindre. Les officiers français se rendent alors un compte exact de la situation, qui est intenable. L'ordre de battre en retraite est donné.

La lutte a repris. Nos hommes se défendent maintenant à la baïonnette et, de nouveau, leur intrépidité stupéfie et arrête l'ennemi. Un instant en danger d'être enveloppés, ils parviennent à gagner la Maison-Brûlée où, à 8 heures du matin, les Allemands les relancent..

Mais les nôtres se sont reformés. Chaque arbre, chaque buisson, chaque haie abrite des tirailleurs; deux petites pièces de campagne sont mises en batterie de manière à prendre la route en enfilade. Bientôt, les colonnes prussiennes débordent de toutes parts. Un feu roulant les bouleverse et, pendant plus d'une heure, les empêche d'avancer. Le terrain est noir de leurs morts.

Un trait, entre cent que l'on pourrait citer, donnera une idée de la vaillance que déployaient nos jeunes troupes, chaque fois qu'elles avaient des chefs solides pour les conduire.

A diverses reprises, les servants des deux petites pièces furent mis hors de combat, et quand l'ennemi s'en empara, deux mobiles et un gendarme, qui servaient l'une d'elles, refusèrent de l'abandonner et se firent tuer sur place.

Les Allemands, restés maîtres de la Maison-Brûlée, n'osèrent pas inquiéter la retraite de ses défenseurs, qui rétrogradèrent jusqu'à Saint-Ouen-de-Thouberville.

Les mobiles de l'Ardèche, qui avaient surtout donné dans ces sanglants engagements, étaient en droit de ne pas continuer plus longtemps une lutte aussi disproportionnée ; mais leurs officiers, enfiévrés de patriotisme, voulurent faire payer cher la victoire aux Prussiens. Renforcés par un demi-bataillon des mobilisés du Calvados et par une batterie de pièces de 12 amenée de Bourg-Achard, ils reformèrent leurs compagnies, les ramenèrent sans bruit jusqu'à La Chouque et se ruèrent sur l'ennemi. Surpris par ce retour offensif si peu prévu, il fut refoulé, et de nouveau le feu de nos tirailleurs, soutenu par le tir de 4 pièces de 12, coucha par terre des files d'Allemands ; les nôtres, las de tuer, ne battirent définitivement en retraite qu'à l'arrivée d'une nombreuse artillerie.

Dans cette journée, à jamais glorieuse pour les armes françaises, nos pertes avaient été sensibles, car les deux bataillons des mobiles de l'Ardèche perdaient 224 hommes, les mobiles de l'Eure et des Landes, les mobilisés du Calvados et les francs-tireurs, à peu près autant. Celles de l'ennemi furent énormes. Le lieutenant-colonel Thomas les évalue à environ 3,500 hommes, dont 70 officiers.

Le général prussien Sachs, major de la place de Rouen, suivait l'action en voiture. Un obus éclate et lui emporte la mâchoire. Ramené à Rouen, il mourut le surlendemain ; 9 officiers supérieurs, dont 3 colonels, furent tués.

Quiconque lira cette brève relation du combat du 4 janvier pourra-t-il se défendre d'une profonde émotion, s'il passe devant le monument élevé à la mémoire des humbles fils de France tombés dans cette lutte épique ?

Tous les ans, les Sociétés d'anciens militaires et de gymnastique de Rouen et d'Elbeuf, auxquelles ne manque jamais de se joindre une foule nombreuse de promeneurs, se rendent en pèlerinage à la Maison-Brûlée et déposent des couronnes aux pieds du soldat de bronze, qui attend.....

Puis, cet hommage rendu aux vaillants qui dorment là leur sommeil éternel, les soldats d'hier et ceux de demain vont fraterniser sous les grands arbres de la Maison-Brûlée, parmi les tentes bariolées et les drapeaux aux trois couleurs, au bruit des fanfares alertes. On évoque le passé, on regarde le présent, et l'on se sépare le cœur plein d'une mâle confiance en l'avenir.

———

Le retour de la Maison-Brûlée à Elbeuf s'effectue, soit par la gare de La Londe (ligne de Serquigny), soit par celle de Moulineaux (ligne d'Orléans).

Pour Rouen, on revient par la ligne d'Orléans ou par le bateau. Dans ce dernier cas, on redescend à La Bouille par le raidillon qui s'amorce sur la route, auprès de l'auberge-restaurant.

LES GROTTES DE CAUMONT.

Si le pélerinage à la Maison-Brûlée est de rigueur, la visite des grottes de Caumont est de tradition, quoique le vandalisme de certaines gens leur ait enlevé ce qu'elles offraient de plus intéressant.

J'en dois cependant dire quelques mots, car cette localité est célèbre et, d'ailleurs, sous plus d'un rapport, vaut bien les honneurs d'une promenade spéciale.

De la Bouille, on gagne Caumont en suivant le chemin de hâlage, très joli, bordé à gauche de villas et de coquettes maisons enfouies sous la verdure et les fleurs, dominé par de magnifiques coteaux peut-être égaux en splendeur à ceux d'Orival, mais moins faciles d'accès. A droite, la berge est fraîche et fleurie à souhait ; sur l'autre rive, l'horizon est fermé par la masse sombre de la forêt de Roumare. En somme, un fort beau paysage.

Les grottes sont à environ trois kilomètres de la Bouille. Je dis les « grottes » par habitude ; en réalité, ce sont des carrières, propriété de la famille de La Rochefoucauld, exploitées depuis des siècles et donnant de puissants blocs de craie dont beaucoup pèsent de 20 à 30,000 kilogrammes. Leur profondeur est considérable ; perpendiculairement au cours de la Seine, elle est de près de deux kilomètres : de nombreuses galeries rayonnent dans tous les sens, les unes abandonnées, les autres en exploitation. Quoiqu'elles correspondent entre elles et qu'elles aient plusieurs issues sur la rive gauche du fleuve, il serait fort imprudent de s'y aventurer sans guide ou, tout au moins, sans une boussole et une provision suffisante de luminaire.

L'aspect des galeries est imposant, surtout à de certains endroits où d'anciens éboulements ont amoncelé les rochers en cascades. L'eau suinte à travers leurs voûtes et ruisselle en larges gouttes, délayant la craie du chemin et le transformant en un perpépuel bourbier. De loin en loin, le bruissement d'un ruisseau qui tombe en chute et s'échappe en courant impressionne l'oreille ; c'est une source abondante qui sillonne la roche comme une véritable rivière souterraine et tantôt passe d'une fissure dans des vasques profondes, tantôt disparaît pour ressortir plus loin. Extrêmement chargée de sels calcaires, elle les dépose sur les moindres aspérités ; si les guides entendaient bien leur métier, ils plongeraient dans les réservoirs des objets en fil de fer qui seraient promptement recouverts de concrétions et se vendraient aux touristes au même titre que ceux de la fontaine Sainte-Allyre, en Auvergne.

Ce qui faisait autrefois la renommée des grottes de Caumont était précisément les stalactites formées par le suintement de l'eau. Un certain nombre de fissures et de cavités naturelles en étaient garnies et donnaient, à la lueur des torches, un spectacle merveilleux. Mais quiconque les visitait en voulait emporter un souvenir palpable ; alors la pioche et le marteau jouaient. Mais cela même ne suffisait pas toujours. Nombre de gens voulurent avoir dans leurs jardins un rocher en stalactites de Caumont, et c'est par blocs entiers, et en employant au besoin la mine, qu'on faisait sauter les piliers et les longues aiguilles pareilles à des jeux d'orgues.

Maintenant la dévastation est complète. A peine, çà et là, reste-t-il quelques fines aiguilles translucides, de formation récente. Les visiteurs se font rares et les guides pourraient, s'ils avaient quelques lettres, trouver dans la fable de la *Poule aux œufs d'or* le pendant de leur propre histoire.

LE CHATEAU DU CORSET-ROUGE

HÉRO ET LÉANDRE. — UN ROMAN AU MOYEN.
LA SEINE A BARDOUVILLE.

Sait-on que, tout au moins sous le rapport de la légende, la partie de Seine qui sépare Saint-Georges de Bardouville ne le cède en rien à l'antique Hellespont, immortalisé par les poétiques aventures d'Héro et de Léandre?

La jolie prêtresse Héro desservait le temple de Sestos, sur la rive européenne. Un jour qu'elle errait sur la plage, un jeune citoyen d'Abydos, qui lui aussi se promenait en rêvant sur la terre asiatique, l'aperçut et, doué d'une excellente vue, s'éprit de ses charmes. Des colombes apprivoisées furent les messagères de leur amour naissant, mais bientôt cette correspondance aérienne leur parut bien insuffisante. A cette époque, les steamers-omnibus ne mettaient pas encore les deux rives en communication, et, d'ailleurs, la profession d'Héro s'opposait à ce qu'elle reçût ostensiblement les visites d'un voisin de l'autre côté de l'eau. Léandre, hardi nageur, confiant dans sa force et soutenu par l'espérance, n'hésita pas, un soir, à tenter le passage et aborda sain et sauf sur la rive opposée, où l'attendait Héro ; à l'aube, il regagna par le même chemin la terre d'Abydos.

Depuis, tous les soirs, au sommet de la tour où résidait la belle prêtresse, une lampe s'allumait ; alors l'intrépide Léandre, guidé par la douce étoile, fendait les flots d'un bras vigoureux et traversait l'Hellespont. Une nuit, la tempête l'assaillit, et le lendemain on recueillit parmi les algues de la plage son cadavre décoloré. Héro mourut de douleur, et le même tombeau les reçut tous les deux.

Cette poétique légende, que nous ont transmise non seulement les poëtes, mais les géographe de l'antiquité et qui a tant de fois inspiré les sculpteurs et les peintres, est-elle authentique ? C'est possible, mais ce qui est certain, c'est que l'histoire de l'Héro et du Léandre normands est parfaitement véridique et non moins romanesque.

La voici :

Au temps où florissait la chevalerie, un gentilhomme de grand cœur et de petite fortune s'éprit d'une gente damoiselle de haut lignage, qui ne tarda pas à répondre à son amour ; mais son orgueilleuse famille repoussa avec dédain la demande de l'audacieux vassal et contraignit la jeune fille à épouser le seigneur de Bardouville, dont le château dominait la Seine.

Désespéré, son amant, brisant ses armes et renonçant au monde, courut s'enfermer dans le monastère de Saint-Georges-de-Boscherville où, peu à peu, les rigueurs de la discipline, les macérations et la prière apaisèrent sa douleur et vinrent à bout de sa passion. L'abbé de Saint-Georges mourut. Les mérites et la piété du chevalier lui valurent d'être choisi pour son successeur, et cette dignité suprême le rendit l'égal des plus grands seigneurs de la contrée. Il vit la dame de Bardouville, et soudain le feu qu'il pensait éteint se raviva, tandis que chez elle ressuscitait l'amour qu'elle croyait mort.

Maintenant, appelez Saint-Georges Abydos, Bardou-ville Sestos, et rien ne manquera plus à la légende orientale pour se tourner en aventure réelle. Tous les soirs, l'abbé de Saint-Georges quittait secrètement l'abbaye et, à la faveur de la nuit, traversait le fleuve à la nage. Sur l'autre rive, une suivante dévouée lui ouvrait une poterne, par laquelle il rejoignait la belle châtelaine.

Mais le sire de Bardouville avait conçu des soupçons ; il épia les coupables, les surprit et, dans sa fureur, tua l'abbé sur place. Cependant ce meurtre ne suffit point à sa vengeance. Il voulait punir l'épouse infidèle, et voici ce que sa haine lui suggéra.

Il prit le corset de la dame, le teignit du sang de l'abbé et obligea la malheureuse à le revêtir. Puis, le lendemain, une sentence solennelle ordonna qu'elle serait, jusqu'à la fin de ses jours, enfermée dans le donjon du château qui ne fut plus, désormais, désigné que sous le nom de château du Corset-Rouge.

L'authenticité de cette tradition à pu être établie par des documents provenant de l'abbaye même. Jusqu'à la Révolution, les moines disaient tous les ans une messe solennelle pour le repos de l'âme de l'abbé de Saint-Georges, mort sans confession.

Aujourd'hui un beau château moderne s'est élevé sur l'emplacement de la vieille forteresse, dont la légende seule est restée.

On se rend au Corset-Rouge soit par la Bouille et Caumont, soit par Saint-Georges-de-Boscherville. Un chemin va directement de l'Abbaye à la Seine. En avril les fossés qui le bordent sont littéralement garnis de cette magnifique rénonculacée. Le populage (*Caltha palustris*) qui est, au printemps, avec les cardamines roses, la première parue du bord des eaux. Le bac est à l'extrémité du chemin.

Un avis : ne passez pas quand il fait gros vent ou que « le flot » arrive, vous risqueriez d'embarquer pas mal de seaux d'eau, et si le bain de pied est, en soi, chose fort appréciable, encore faut-il le prendre en temps et lieu.

***

LA CHAISE DE GARGANTUA

UNE FALAISE CÉLÈBRE. — GARGANTUA ET LE COLPORTEUR. SOUVENIR DE 1870.

A trois kilomètres en amont de Duclair, entre le hameau de l'Anerie et la Fontaine, la falaise s'évase doucement en un demi-cercle dont chaque extrémité aboutit à une roche abrupte. De loin, cette disposition naturelle, due à l'érosion des eaux à l'époque du soulèvement progressif du crétacé supérieur, évoque l'idée d'un fauteuil immense dont les deux roches à pic formeraient les bras.

L'imagination colorée de nos bons aïeux ne pouvait

La Chaise de Gargantua.

manquer d'y asseoir une légende. Elle en fit la chaise de Gargantua.

Durant son séjour en Normandie, le géant avait accoutumé d'y venir faire sa sieste. Le dos appuyé à la courbe du coteau, la tête posée sur le mol oreiller des arbres qui en couronnent la crête, les mains soutenues par les deux pans de la falaise, il allongeait les jambes par-dessus la Seine jusqu'à la rive gauche et s'endormait.

Un jour, un colporteur, ruisselant sous le faix et cherchant un batelier qui le passât de l'autre côté de l'eau, arriva près de l'endroit où s'appuyait le talon du dormeur et entreprit d'utiliser le pont ainsi jeté sur le fleuve. Il se hissa non sans peine avec son fardeau et se mit en route. A mi-chemin, accablé de chaleur, il voulut s'éponger le front et, pour avoir la main libre, planta son bâton ferré dans le gras du mollet du géant.

Dans son sommeil, celui-ci perçut la sensation d'une piqûre.

— Il y a donc des puces sur la Seine? murmurat-il ; et machinalement il tira sa jambe à lui pour se gratter. L'infortuné colporteur et son ballot culbutèrent dans le fleuve et oncques ne reparurent.

A deux kilomètres environ de la chaise de Gargantua, on remarque la chapelle de la Fontaine, reste d'un riche manoir qui s'élevait là. La chapelle est assez jolie, pittoresquement encadrée, et a été souvent peinte par les artistes en villégiature dans les environs.

C'est près de là qu'en 1870 eut lieu un incident qui aurait dû faire de l'Angleterre notre alliée immédiate contre la Prusse. Les Allemands occupaeint Rouen et, voulant n'être pas inquiétés du côté de la Seine, dont l'embouchure restait libre, entreprirent de barrer le fleuve aux avisos français. A cet endroit, la Seine est assez étroitement resserrée entre ses deux rives. Au mépris du droit des gens, les Allemands s'emparèrent d'un certain nombre de navires battant pavillon anglais, les amenèrent à la Fontaine et les coulèrent sur place. Dans les intervalles, ils placèrent des torpilles.

Cet événement, qui était de nature à entraîner une déclaration de guerre immédiate de l'Angleterre à l'Allemagne, n'eut pour nos envahisseurs aucune suite fâcheuse. M. de Bismarck indemnisa les propriétaires des bâtiments coulés ; le léopard britannique appliqua des compresses dorées sur les blessures faites à sa fierté par l'aigle prussienne, et tout fut dit. L'Allemagne n'est pas le Portugal.....

On ne peut passer devant la Fontaine sans évoquer le souvenir de cet épisode de guerre, et nul cœur français ne saurait contenir son amertume en se rappelant avec quelle indifférence nos « amis » d'outre-Manche nous laissèrent écraser, alors même qu'ils avaient des raisons d'honneur national pour intervenir.

VI

ÇA ET LA

LE THÉATRE ROMAIN

ET

LE CHATEAU DES CINQ-BONNETS

DEUX NOTICES ALLÉCHANTES.
UN CIRQUE ROMAIN ! — SAINT-ANDRÉ-SUR-CAILLY.
LES CINQ-BONNETS.
JOURNÉE DE DÉCEPTIONS. — ISNEAUVILLE. — FORÊT VERTE.
BOISGUILLAUME. — LA FERME DU COLOMBIER.

Un touriste épris (on le serait à moins) des beautés de tout ordre que renferme la Normandie, était venu se fixer à Rouen pour une saison et avait entrepris de former un album de tout ce que les environs pour·raient offrir d'intéressant.

Il eut de grandes satisfactions et quelques déboires, dont il fut, d'ailleurs, le premier à rire.

Son premier soin avait été, naturellement, de dresser la liste des localités à visiter ; non moins naturellement, il eut recours aux guides, aux géographies, enfin aux quelques ouvrages où il était question de Rouen et de ses alentours.

Le *Répertoire archéologique de la Seine-Inférieure*, œuvre de patiente érudition, que les antiquaires consultent avec prudence quelquefois, et toujours avec intérêt, lui signala, dans la direction de la route de Neufchâtel, un certain nombre de particularités qui, de suite, piquèrent sa curiosité : A l'article « Saint, André-sur-Cailly », il lut la description d'un Théâtre-Romain dont il existait encore des ruines imposantes-et, à l'article « Isneauville », il trouva la mention suivante :

— Ancien et curieux château du xvie siècle, appelé aujourd'hui les *Cinq-Bonnets*, à cause des magots coiffés qui le décorent. »

Les moyens de communications avec Saint-André-sur-Cailly sont assez faciles. De Rouen, il y a quatre lieues par la route de Neufchâtel. Pour un vélocipédiste, c'est une petite promenade; pour un piéton, la course est un peu longue, avec le retour. Mais on peut l'abréger notablement en procédant ainsi :

Premier itinéraire : prendre à la gare du Nord un billet pour Morgny. A 200 mètres de la station se trouvent deux chemins de grande communication; en tournant le dos à la ligne ferrée, on voit à droite celui qui mène à Cailly par Pierreval et la Rue-Saint-Pierre, à gauche, celui qui conduit également à Cailly par Saint-André. Suivre ce dernier tout droit; Saint-André est à environ trois kilomètres et demi de la station; on y arrive en coupant la route nationale au hameau du Vert-Galant. Demander le hameau du Boutlevé. Le « Théâtre Romain » se trouve dans la ferme du château.

Autre itinéraire : prendre à Rouen, à 9 heures 15 du matin, place Beauvoisine, la voiture de Quincampoix ou celle de Cailly; si l'on descend à Quincampoix, on peut suivre à gauche de la route nationale un chemin vicinal qui, à 4 kilomètres de là, vous met au Boutlevé ; si l'on prend la voiture de Cailly, on la quitte au Vert-Galant, distant de Saint-André de quelques centaines de mètres.

Quel que soit l'itinéraire adopté, on peut revenir par Isneauville, visiter l'église, monument historique, jeter un coup d'œil sur le château des Cinq-Bonnets et regagner Rouen, soit par la forêt Verte, soit par Boisguillaume.

Revenons à notre touriste.

Un Théâtre Romain à quelques lieues de Rouen ! Etait-ce possible ? Pas de doute : trois autorités pour une le lui garantissaient et, d'ailleurs, on savait que dans cette contrée il avait existé une très importante station romaine, probablement une ville, où passaient des voies antiques venant de Rouen, de Dieppe, de Radepont et d'Amiens ; on y trouvait fréquemment des monnaies romaines ; de nombreuses antiquités y avaient été mises à découvert, notamment un édifice romain dans un bosquet du château de M. de Valori, des mosaïques, des plaques d'airain et des sépultures.

Le répertoire archéologique de la Seine-Inférieure relatait l'exploration du théâtre faite en 1870 par M. l'abbé Cochet. La géographie de la Seine-Inférieure disait : « Un monument d'une importance exceptionnelle est le Théâtre Romain au hameau du Boutlevé, dans la ferme du château. La partie circulaire a 150 mètres de circonférence. Les murs épais de 1 mètre 30 et hautes d'environ six mètres, sont en tuf de petit appareil. L'espace compris entre les deux extrémités du demi cercle, mesure 80 mètres en ligne droite.... L'exploration de ces intéressantes constructions, commencée par M. l'abbé Cochet, au mois de juin 1870, fut interrompue par la guerre et n'a pas été terminée. Il est bien à souhaiter qu'elle soit reprise et complétée par le déblaiement du théâtre, ne fût-ce que dans l'intérêt du village, auquel cet édifice attirerait de nombreux visiteurs. » Enfin, l'édition la plus récente du Guide-Joanne confirmait ces indications.

Au hameau du Boutlevé, notre touriste se renseigna auprès d'une vieille paysanne.

— Le Théâtre Romain, où se trouve-t-il?

— ?

— Je veux parler de ruines très anciennes qui sont dans le hameau.

— ?

— Madame où pourrais-je bien me renseigner ?

— Ça s'rait p'têt bien au Varat. Tout dret, pis à gàauche, y a l'château; on yi saura p'têt quequ'chose ; mé j'sais rin.

Au château — l'ancien manoir de Cavelier de la Salle — notre touriste engagea, pour un résultat identique, une conversation semblable avec un valet de ferme ; enfin, un passant le renseigna et le mit dans le bon chemin.

Très obligeamment l'entrée de la ferme lui fut accordée, et il se trouva, dans la cour-masure, au milieu d'un terrain bouleversé par des terrassements. Dans la direction de l'Ouest à l'Est, un renflement, sorte d'épais talus entièrement recouvert d'humus, d'herbes et de ronces, dessinait un hémicycle ; en un mot, tout le contraire d'un spectacle où l'on retrouvàt la marque puissante des constructions romaines.

Il se peut que, dégagées de la terre où elles sont enfouies, les ruines du théâtre de Saint-André-sur-Cailly offrent encore un certain caractère, mais dans

Ferme à Saint-André-sur-Cailly.

l'état actuel, elles sont infiniment moins imposantes que la moindre des buttes du Champ de tir.

L'auteur de la géographie s'en était rapporté à l'auteur du dictionnaire, et l'auteur du guide s'était inspiré des deux autres.

Sous la réserve de cette inoffensive critique, il faut ajouter que des recherches, méthodiquement conduites et pratiquées sous la direction d'hommes compétents, amèneraient certainement de très intéressantes découvertes et feraient peut-être de Saint-André-sur-Cailly un but d'excursion en vogue.

Le pays est d'ailleurs fort accidenté et abonde en jolis paysages. Je recommande aux amateurs des vieilles constructions normandes un manoir du xvie siècle, situé près de la route, à Saint-André même.

Un peu rafraîchi par son exploration du fameux Théâtre Romain, notre touriste chercha un dédommagement et le demanda au « curieux château du xvie siècle » dont le nom bizarre intriguait sa curiosité. Isneauville est justement entre Rouen et Saint-André-sur-Cailly, sur la route de Neufchâtel.

A Isneauville on le renseigne. Le château est sur le

Porte des Cinq-Bonnets.

bord du chemin parallèle à la route allant à Bois-guillaume; il est adossé au bois et à une ferme. C'est d'ailleurs le seul château qu'il y ait dans cette direction, et l'erreur est impossible.

En quelques minutes, notre excursionniste est à destination, devant un beau parc, auquel on accède

par une porte fort ancienne et remontant à Henri II.
Mais de château xvie siècle, pas plus que sur la côte
Sainte Catherine. Au centre du parc s'élève bien un
édifice, mais construit à la fin du siècle dernier.
Quant aux « cinq magots » annoncés, il n'y en a pas
trace.

Il s'informe, et grâce à la courtoise complaisance du
châtelain, il a le mot de l'énigme.

Il y a bien eu là un château du xvie siècle dont il
reste une petite chapelle de style espagnol ; mais il a
été rasé il y a une centaine d'années. Quant au nom
de « Cinq-Bonnets », il lui venait, non point de magots,
mais de chapiteaux de pierre blanche dont chacun des
créneaux de la vieille porte est surmonté.

Le rédacteur du Répertoire archéologique ne pouvait évidemment pas tout voir par lui-même ; c'est
pour cela qu'il avait ajouté à l'article Isneauville une
mention qui aurait eu sa raison d'être il y a 150 ans.
Le château actuel, propriété de M. de Condamy, se
nomme d'ailleurs, aujourd'hui, château de Bois-l'Abbé.

Est-ce à dire que notre touriste ait tenu pour une
journée perdue celle qui lui valait sa double décep-
tion ? Non point, et vous ferez bien d'aller vous-mêmes
voir ce qu'il reste du château des Cinq-Bonnets, sinon
pour la vieille porte, du moins pour les jolis pays qui
l'avoisinent.

Le château des Cinq-Bonnets ou de Bois-l'Abbé est
contigu à la partie Est de la forêt Verte. On y va de
Rouen par la route de Neufchâtel, soit en prenant à
gauche un petit chemin qui s'ouvre tout contre la
borne kilomètrique n° 7 et coupe les champs, soit en
quittant la grande route dans Boisguillaume pour

prendre à gauche la rue Dair et suivre celle-ci jusqu'à
la rue de la Haie, qui mène droit à destination par un
chemin frais et pittoresque au possible.

Cette excursion peut convenir aux plus petites
jambes ou aux moins valides, car on a la ressource de
prendre le tramway de Boisguillaume qui part de la

Ferme du Colombier, à Boisguillaume.

place de l'Hôtel-de-Ville et ne s'arrête qu'à deux ou
trois kilomètres à peine des Cinq-Bonnets. Il y a, à
l'aller et au retour, deux départs le matin et deux
départs l'après-midi ; les heures n'en sont pas
indiquées ici, parce qu'elles sont susceptibles d'être
modifiées selon les besoins de la Compagnie des
Tramways.

En passant à travers Boisguillaume, sur la route de

Neufchâtel, on remarquera à gauche un bàtiment ayant gardé, en certaines de ses parties, le caractère du XIIIe siècle. C'est la ferme du Colombier, reste d'un ancien manoir qui devait être important.

La rue Herbeuse s'ouvre à droite et non loin de là. Si vous voulez le sujet d'un paysage qui ne manque point de grâce, suivez-là jusqu'à une petite mare que borde la route. Elle a, à ma connaissance, inspiré déjà de gracieuses artistes, et le « coin » vaut bien l'honneur qu'elles lui ont fait.

LE VIEUX CHATEAU DE PRÉAUX.

UNE ANTIQUE FORTERESSE.
LES BARONS DE PRÉAUX. — LE VIEUX-CHATEAU.
A LA CAZERIE.
LE ROBEC ET SES MOULINS. — FONTAINE-SOUS-PRÉAUX.
SAINT-MARTIN-DU-VIVIER. — L'ART DE VOIR.

Une excursion en tête de laquelle je mettrais volontiers la mention dont les guides font suivre les noms des hôtels qui ont su se rendre intéressants :

Recommandée!

Elle peut compter, en effet, parmi celles qui laissent au promeneur le meilleur souvenir, et, par conséquent, le désir de les recommencer. Allez voir la vieille forteresse de Préaux, et, comme au spectacle où l'on s'est amusé, vous y enverrez vos amis et connaissances. Et allez-y sans crainte d'une déconvenue analogue à celle qui survint à celui de nos amis qui

s'en fut, sur la foi d'une notice, visiter à Cailly le
théâtre romain, dont il reste l'emplacement, et à
Isneauville les Cinq Bonnets, dont il ne subsiste que le
nom. Le « Vieux Château », — c'est le nom que porte
l'antique forteresse de Préaux — existe bien, et il a

Le vieux château de Préaux.

même fort grand air, avec sa double enceinte de fossés
au centre de laquelle s'élève la butte féodale couronnée de murailles à créneaux et de tours éventrées, envahies par les lierres, les clématites, les ronces et la
sombre végétation sous laquelle la nature enfouit les
mystères du passé.

Le site est sauvage, presque farouche. Dans le

silence des soirs, quand la lune plaque ses lueurs fantastiques aux arêtes des ruines, on doit avoir comme une pénétrante évocation du temps où les sires de Préaux s'armaient pour la croisade ou guerroyaient contre les Anglais,

Car la famille de Préaux, dont il existait encore des descendants au commencement de ce siècle, fut l'une des plus puissantes de la Normandie.

La noblesse des barons de Préaux remonte aux premiers temps de la conquête normande. Dans la notice qu'il leur a consacrée, M. l'abbé Tougard a réuni d'intéressants détails. Ils étaient, dit-il, par leur aïeul Bernard le Danois, parents du duc Rollon. L'un d'eux se battit à Hastings aux côtés de Guillaume-le-Conquérant. Ils accompagnèrent Philippe-Auguste et Richard-Cœur-de-Lion en Palestine, où Guillaume de Préaux détourna sur lui les coups de toute une troupe de Sarrazins qui menaçait le roi d'Angleterre. Au xive siècle, les sires de Préaux étaient alliés aux famille royales de France, d'Angleterre et de Navarre. Ils se fixèrent à Guernesey au commencement du xve siècle, et leur domaine devint la propriété de la maison de Bourbon; en 1789, il appartenait aux princes de Rohan et de Soubise.

Leur histoire a d'ailleurs été écrite et ne forme pas mois de deux volumes manuscrits, qui sont à la bibliothèque de Rouen.

Le Vieux-Château est distant de Darnétal d'environ neuf kilomètres, et de la station de Morgny d'à peu près trois kilomètres. (Le « raccourci », en prenant un petit chemin au-dessous de la gare, abrège le trajet d'un tiers, mais la route est moins agréable que par le bout de Morgny).

Si l'on dispose de la journée entière, voici l'itinéraire le meilleur : partir par le tramway de Darnétal,
suivre la rue de Longpaon, la route qui mène à Saint-
Martin-du-Vivier et à Fontaine-sous-Préaux et, là, continuer en coupant, droit devant soi, de manière à se
maintenir toujours entre la lisière du bois à droite et,
à gauche, la ligne du chemin de fer. Au croise-
ment de la route qui, infléchissant à gauche, monte
vers Isneauville, on oblique soi-même un peu à droite
et on entre en forêt. A quelque distance de là, on
aperçoit, à gauche du chemin, dans une petite clairière, un chêne admirable de forme et de vigueur,
dont le tronc mesure, à hauteur d'homme, 3 m. 40 de
circonférence. En continuant la marche, on arrive
à l'amorce d'une allée d'épicéas qui monte à droite.
On touche au but. Cette allée, l'une des plus re-
marquables du département, tant par la beauté de
ses arbres que par sa longueur, mène d'abord à un
rond-point, d'où partent, en étoile, six autres allées
dont l'effet est charmant ; ensuite, elle conduit à une
ligne qui lui est perpendiculaire et au bout de laquelle
on apercevra la butte du Vieux-Château, où les dessinateurs, les peintres, les photographes, voire les
simples promeneurs, stationneront longuement. Entre
autres plantes, on y pourra recueillir une jolie aspa-
raginée, la Parisette (*Paris quadrifolia*), formée d'une
longue tige supportant une collerette de quatre ou de
cinq feuilles au milieu desquelles naît la fleur, rempla-
cée plus tard par une grosse baie noire.

Déjeûner, si l'on a des vivres, soit sur la crête ébou-
lée d'un des murs, soit dans une des tours ; sinon,
pousser jusqu'à Morgny.

Il faut pour cela traverser le coquet hameau de la Cazerie, où une surprise attend les yeux, si l'on fait l'excursion dans le courant d'avril. Le talus qui borde la
route est, sur une centaine de mètres, littéralement
couvert de primevères de toutes les couleurs, jaunes,
blanches, saumon, roses, carmin vif.

C'est un éblouissement, une merveille de fraîcheur
et d'éclat. Sans compter que le chemin par lui-même,
avec les grands arbres qui le surplombent, est fort
pittoresque. C'est encore un coin de tableau, mais il y
en a tant, que nous ne les comptons plus.

Le retour à Rouen s'effectuera par la gare de
Morgny, sur cette ligne du Nord dont l'affreux matériel
remonte aux temps les plus reculés.

Au lieu d'une journée, si l'on ne dispose que d'une
matinée ou d'un après-midi, il est préférable de retourner cet itinéraire. Par conséquent, dans ce cas, il faut
prendre à Rouen le train pour Morgny, traverser le
hameau de la Cazerie, derrière lequel, au Bélévent, est
le Vieux-Château ; après l'avoir vu, monter l'allée qui
aboutit à la grande avenue ; suivre à droite celle-ci
jusqu'au bout ; prendre le chemin à gauche à travers
bois jusqu'à sa rencontre avec la route d'Isneauville ;
infléchir légèrement à gauche ; continuer par le chemin
du fond, entre la lisière du bois à gauche et, à droite,
la ligne ferrée qu'on ne doit pas perdre de vue. De
cette façon-là, il est impossible de se tromper. On
atteint ainsi Fontaine-sous-Préaux, où, dans un petit
café, près de l'école, on trouvera de quoi déjeûner si
l'on a pris la précaution d'avertir la veille, et où l'on
sera fort honnêtement traité. On reviendra par Saint-
Martin-du-Vivier et Darnétal.

Mais vraiment bien à plaindre, ceux que l'insuffisance de temps obligera à ne point s'arrêter devant les nombreux et charmants « coins » qui sollicitent soit leur album, soit seulement leurs regards !

A Fontaine-sous-Préaux sont les sources du Robec. Rouen, altéré alors comme Paris l'est encore aujourd'hui, en a capté une partie, et ce qu'il en reste n'apparaît qu'un peu plus loin que primitivement. Limpide comme le cristal, la petite rivière semble couler sur un lit de drap vert et traverse le pays où, à chaque instant, on rencontre ces chaumes qui font le bonheur des artistes. A Fontaine, il y en a de fort originaux, avec lucarnes avancées ou toit débordant largement sur la façade, en forme de grand auvent.

A Saint-Martin-du-Vivier, les moulins sont nombreux. Chez quelques-uns, l'eau des retenues tombe en cascade sur des rochers qu'elle baigne d'une mousse argentée. Des canards dans le remous, un rayon de soleil sur le tout, et voilà de nouveau le sujet d'une toile. Ah ! point n'est besoin, quand on est en Normandie, de courir le monde pour trouver matière à peindre ou à discourir en vers sur les agréments champêtres. Il suffit de regarder autour de soi et de s'habituer à voir. Sous ce rapport, il y a toute une éducation de l'œil ; il faut savoir isoler d'un ensemble la partie formant tableau. C'est une petite science que l'exercice peut seul enseigner, mais qu'il donne toujours.

LE BOIS DE L'ABBAYE

Parmi les fleurs qui font à l'hiver la grâce de lui signifier un riant adieu, en n'attendant point, pour s'épanouir, que le calendrier ait donné au printemps la clé des champs, l'une des plus jolies, l'une des plus populaires est le Narcisse. Dans les contrées où il croît en abondance, à Evreux, sous le sobriquet de pipeaux, à Dieppe, sous le nom d'aillaux, on en vend dès le commencement de mars, si la saison est douce, de grosses bottes, vite enlevées aux petits marchands qui les apportent. Les enfants surtout les recherchent, pour s'en faire, comme avec les fleurs de la primevère officinale, des pelotes avec lesquelles ils se bombardent, batailles de fleurs moins opulentes mais non moins gaies que celles de Nice.

> Aillaux, aillaux pour une épingle,
> Cinquante aillaux pour un denier !

Que de fois, à Dieppe, hélas ! il y a de longues années, le cri modulé des marchands de narcisses n'a-t-il pas fait tressaillir mes oreilles d'enfant comme au bon cheval de guerre la joyeuse fanfare des trompettes !

A Rouen, on appelle le Narcisse « porillon » ; c'est l'une des premières fleurs champêtres qui apparaissent dans nos rues et sur le marché de la place de la

Pucelle, succédant aux branches de houx chargées de fruits ensanglantés et aux délicats perce-neiges, évoquant l'idée d'une pâle vierge anémiée par les froids de l'hiver qui s'en va.

Au risque de nous attirer les malédictions des bouquetières campagnardes, peu soucieuses d'indiquer où se fait leur moisson, nous allons prendre par la main les amateurs de narcisses, ceux du moins qui sont doués de bonnes jambes, en signalant aux moins alertes le moyen d'abréger de moitié la course à fournir à pied.

Quel que soit le mode de locomotion adopté, il faut d'abord gagner la Demi-Lune de Maromme.

Si l'on s'y rend à pied, je conseillerai de monter par Saint-Gervais à Mont-aux-Malades et de suivre droit devant soi ; pas moyen de se tromper. La route est fort belle, pittoresque, et offre un joli coup-d'œil à l'endroit où descend la côte qui mène à la station de Maromme et à la Demi-Lune. A gauche, on voit le bois de l'Archevêque ; à droite, le bois des Dames ; on a toujours remarqué qu'au temps où le clergé possédait des biens, il savait en choisir l'emplacement. On passe sous le pont du chemin de fer, et on est à la Demi-Lune.

Si l'on veut ménager ses jarrets, on peut prendre soit le chemin de fer à la rue Verte, soit le tramway sur le quai. L'un et l'autre vous descendent à la Demi-Lune.

C'est une place circulaire, à laquelle confinent trois communes, Déville, Maromme et Notre-Dame-de-Bondeville.

En descendant du tramway et en tournant le dos à Rouen, on se trouve à peu près au centre de la Demi-

Lune, étoilée de quatre routes. Celle que l'on a der-
riére soi mène à Rouen ; celle que l'on a en face conduit au Havre ; celle de droite, à Mont-Saint-Aignan
et au Mont-aux-Malades ; celle de gauche, à Barentin.
C'est celle-ci qu'il faut prendre.

On passe devant une vieille et solide maison, au long
toit mansardé et sur la façade de laquelle est encadrée
une inscription. C'est la Poudrière, et la mention gravée
sur la façade rappelle que le maréchal Pélissier, duc
de Malakoff, y est né le 6 novembre 1794.

On passe ensuite sur un ponceau qui traverse le
Cailly et l'on suit à droite une petite route qui mène
au Houlme, et qui est très jolie. A gauche, on a la côte
boisée ; à droite et en contrebas, la prairie, sillonnée
par la petite rivière qui alimente d'importantes
usines.

Au bout d'environ trois kilomètres, à un coude de
la route, la côte s'abaisse pour se relever aussitôt,
formant ainsi une sorte d'étroit vallon dont un plan
de charmes forme l'entrée. Vous pénétrez dans le bois.
Vous êtes arrivés. Maintenant, vous n'avez plus qu'à
vous baisser pour moissonner à pleines mains les jolis
Narcisses jaune d'or sur jaune pâle, à la tige et aux
feuilles vert émeraude.

On en fait de gros bouquets qui restent longtemps
fleuris, pourvu qu'on ait soin de renouveler l'eau du
vase où plongent les tiges. A ceux qui voudraient rapporter la plante entière, pour la planter en touffes ou,
simplement, la faire fleurir dans la mousse, je conseillerai de se munir d'un déplantoir. Le plus commode
et le plus simple est celui que les quincaillers vendent
sous le nom de sarcloir.

Maromme

En effet, l'oignon du narcisse est assez profondément enfoui pour que son extraction présente quelques difficultés.

Le bois de l'Abbaye n'offre d'ailleurs pas que cette fleur-là aux promeneurs. Il abonde, de mars à mai, en ces messagères des beaux jours que leur simplicité, la fraîcheur de leur coloris et la suavité de leur parfum rendent si charmantes aux yeux encore attristés par les brumes grises de l'hiver : cardamines roses, jacinthes bleues, anémones étoilées, primevères en grappe ou à larges corolles, pentecôtes écarlates, sceau de Salomon aux grelots élégants, aspérule parfumée, etc.

C'est donc une agréable promenade, que l'on peut très aisément faire dans une matinée ou dans un après-midi. Beaucoup l'inscriront au nombre de leurs pèlerinages annuels, à côté du Gros-Hêtre, du Genétay, de Saint-Adrien, et des merveilleux nids de verdure étagés sur les côteaux qui bordent la Seine.

VII

LA VALLÉE DE L'ANDELLE

LE CHATEAU DE MARTAINVILLE

L'HARMONIE DES NOMS. — EN ALLANT VERS L'ANDELLE. CHATEAU DE MARTAINVILLE. CIVILISATION PRUSSIENNE.

Avez-vous remarqué combien la seule euphonie d'un nom éveille d'idées et d'images dès qu'il frappe l'oreille ? Il semblerait qu'à de certains moments les ondes sonores, en même temps qu'elles font vibrer le sens de l'ouïe, passent devant les yeux avec les couleurs d'un prisme laissant transparaître la chose désignée.

L'Andelle est du nombre de ces mots suggestifs. Avant de l'avoir vue, et rien qu'en entendant prononcer son nom, j'avais l'intuition que sa vallée devait être d'une fraîcheur et d'une grâce exquises, et que la rivière qui l'arrose décrivait ses méandres parmi des paysages d'une élégance sans rivale.

La réalité a confirmé les visions du rêve. On peut admirer en France des contrées plus grandioses, des sites plus imposants, on n'en saurait voir de plus charmants que ceux que trouve à chaque pas le voyageur, depuis la naissance de l'Andelle à Beaubec-la-Rosière, jusqu'à son embouchure dans la Seine à Pîtres, au pied de la Côte des Deux-Amants.

Si agréable que serait le voyage, mon intention n'est pas d'inviter mes lecteurs à suivre son cours de 64 kilomètres. Mais il décrit des courbes si capricieuses que, par deux points différents, il est aisé de faire, de Rouen et sans trop de difficultés, deux excellentes excursions sur ses bords fleuris, l'une à Vascœuil, l'autre à Pont-Saint-Pierre et Radepont.

Nulle part peut-être, en Normandie, le Moyen-Age et la Renaissance n'ont laissé plus de souvenirs, plus d'intéressants vestiges que dans cette vallée, dont les beautés naturelles sont déjà si grandes par elles-mêmes.

Le parcours de Rouen à Vascœuil nous permettra d'en juger.

Il y a en projet, depuis assez longtemps, une ligne de chemin de fer à voie étroite pour relier Rouen avec la ligne de Gisors ; mais étant données les péripéties par lesquelles elle a déjà passé, sans en être plus avancée, les jeunes qui attendraient sa construction pour visiter Martainville et Vascœuil risqueraient fort de ne les voir que quand leurs cheveux seraient devenus gris. Il faut donc emprunter l'un des trois seuls modes de locomotion à notre disposition ! Les jambes, quand on a les jarrets bien trempés ; l'instrument cher aux cyclistes (mono, bi ou tri) ; enfin la voiture de La Feuillie, très commode, mais qui le serait encore beaucoup plus si, au lieu de partir de Rouen à 5 heures du soir, elle avait un départ le matin.

A quelque parti que l'on s'arrête, l'itinéraire est le même. On gagne Darnétal, on monte la côte de Saint-Jacques, et l'on suit la route droit devant soi jusqu'à Martainville-sur-Ry, première étape du voyage.

Cependant, si le temps dont on dispose n'est pas rigoureusement mesuré, on pourra jeter un coup-d'œil sur l'ancien prieuré de Beaulieu. A 1,500 mètres du poteau indicateur « le Pont de Beaulieu », on voit à droite, surplombant les champs, une ligne de hêtres plantés sur un talus. Le chemin qu'ils ombragent mène

Porte du château de Martainville.

à la ferme bâtie sur l'emplacement du monastère fondé par Jean de Préaux et donné par lui, avec d'autres biens, aux moines de Saint-Lô, de Rouen, qui y plantèrent un vignoble. Du vieux prieuré, il ne reste que quelques bâtiments monastiques en mauvais état ; sur la façade de l'un d'eux on voit encore deux belles fenêtres du commencement du xvi° siècle; la chapelle, détruite en partie par un incendie il y a près de sept ans, avait été transformée en grange, ainsi que la salle capitulaire, du xiiie siècle.

Bien autrement intéressant est le magnifique édifice de style Renaissance que nous allons visiter.

Martainville est à 12 kilomètres de Darnétal et à 7 kilomètres de Vascœuil, par la route nationale, qui est la plus directe.

Commencé en 1485 et terminé au commencement du xvie siècle, le château de Martainville est l'un des plus beaux édifices que les vicissitudes des siècles écoulés aient laissés debout et presque intacts. Construit par M. de Martainville, il est aujourd'hui la propriété de M. de Villers.

En dépit des petits canons qui ne réussissent pas à donner à ses quatre tours un air belliqueux, ce fut une habitation de plaisance plutôt qu'une place forte ; néanmoins, il était aménagé de manière à pouvoir résister à un coup de main et entouré de fossés maintenant comblés. Au-dessus de la porte d'entrée, une élégante tourelle en encorbellement, ornée de trois fenêtres ogivales richement sculptées, renferme une petite chapelle. La porte ouvre sur une très belle galerie. A chacune des intersections des nervures qui se croisent dans l'axe de la voûte, des culs-de-lampe, qui ont gardé leurs peintures et leurs ors, représentent les instruments de la Passion et deux monogrammes.

Les appartements du rez-de-chaussée sont immenses. La salle à manger, à droite, était lambrissée jusqu'aux solives du plafond. Pendant la dernière guerre, une horde de Prussiens installée à Martainville en fit une écurie et en brûla la plupart des boiseries.

Un monumental escalier de pierre donne accès aux étages supérieurs. A l'extrémité de la galerie du premier palier se trouve la chapelle, dont l'entrée est en fine boiserie de la Renaissance. Là encore, la soldatesque allemande a marqué son passage en brisant les minces ogives de chêne. Dans les pièces supérieures, on remarque encore quelques beaux meubles, des tableaux de famille et un amoncellement de précieuses tapisseries d'Aubusson, déjà bien délabrées et qui menacent d'être perdues pour l'art si l'on n'y prend garde.

La façade elle-même du château appelle quelques réparations urgentes. Dans l'état actuel, elle offre prise aux intempéries si redoutables dans nos contrées, où, sous la double action de l'humidité et de la gelée, les monuments les plus solides se dégradent rapidement lorsque des soins constants n'interviennent pas.

De belles avenues environnent la propriété, tout auprès de laquelle s'élève l'église bâtie au xviiᵉ siècle par M. de Martainville. Les communs et les dépendances du château ont gardé leur cachet de la fin du xvᵉ siècle, et le colombier dresse encore au fond de la cour sa masse robuste. Des centaines de pigeons y pouvaient tenir à l'aise, et y vivaient aux dépens des cultures. Malheur au paysan qui, las de voir son blé engraisser les pigeons du seigneur, s'avisait de leur tendre des lacs! On lui apprenait vite que le manant n'avait point cessé d'être taillable et corvéable à merci.

VASCŒUIL.

A 6 kilomètres de Martainville, on rencontre Vascœuil, l'un des coins les plus jolis de cette Normandie
dont la beauté émerveille, à chaque retour du printemps, ceux mêmes qui sont le plus familiarisés
avec elle. Il est au confluent de trois vallées, et c'est
près de la Forestière que l'Héronchelle et la Crevon
marient leurs truites à celles de l'Andelle.

Si, au lieu d'être un modeste essai de Manuel du
promeneur aux environs de Rouen, ce livre avait un
caractère plus personnel, il serait permis à l'auteur
d'ouvrir ici une large parenthèse, car c'est à la Forestière qu'il a passé quelques-unes des meilleures heures
de son existence, chez des hôtes dont la distinction
de l'esprit n'est égalée que par la bonté du cœur.
Mais ni M. ni Mme Dumesnil ne me pardonneraient
d'insister, et ils me sauront plutôt gré de dire à ceux
de mes lecteurs qui seraient désireux de connaître
Vascœuil et ses alentours : Frappez sans hésitation au
seuil de la Forestière, les portes s'ouvriront d'elles-
mêmes, et c'est le jardinier en personne qui vous en
fera les honneurs.

Le jardinier, c'est M. Alfred Dumesnil.

M. Alfred Dumesnil, qui fut secrétaire de Lamartine

et suppléant de Quinet, au Collège de France, est l'un de nos concitoyens les plus aimés, comme homme privé, comme lettré et comme savant. L'auteur de *la Foi nouvelle cherchée dans l'Art*, de *l'Art italien* et de nombreuses œuvres où l'érudition s'allie à la philosophie la

La Forestière. — dessin d'Emile Deshays.

plus élevée et la plus dégagée de préjugés est doublé d'un horticulteur éminent. On lui doit la propagation des procédés de culture des plantes sans terre, soit dans la mousse naturelle ou fertilisée, soit dans la pâte de papier ; c'est encore lui qui, avec son neveu, M. Regnier, gendre d'Elisée Reclus, a inventé le système de ventilation par la chaleur solaire, permettant aux végétaux dont on veut activer la croissance de supporter une température de beaucoup supérieure à celle des serres chaudes.

Mais c'est moins de ses découvertes et de ses applications, si précieuses qu'elles soient, que je dois entretenir mes compagnons de voyage que de la Forestière et de ses jardins.

Au milieu d'une anse formée par une dérivation de la Crevon, s'élève une construction ayant la forme d'un carré long auquel est accolée une haute tour octogonale, percée de meurtrières encore crénelées vers la base du toit et si saine, si intacte en dépit des sept ou huit siècles qui ont passé sur elle, qu'on la croirait bâtie du siècle dernier.

C'est la Forestière. Elle fut construite vers la fin du XIᵉ siècle avec la ligne de fortins que le duc Henri fit élever depuis Forges jusqu'à Charleval, pendant ses guerres avec Louis-le-Gros. La maison d'habitation qui y est attenante, et dont une partie est du XVIᵉ siècle, était le poste. D'ailleurs, en dépit de ses proportions restreintes, cette petite forteresse réunissait ce qui caractérise l'époque féodale : Salle des gardes, chambre de justice, puits dans l'épaisseur des murs, oubliettes.

Que de fois notre grand historien national, Michelet, beau-père de M. Alfred Dumesnil, dans ses récits à la Forestière où il se plaisait tant, n'a-t-il pas dû évoquer le souvenir de ces âges dont la nuit n'est guère éclairée que par la lueur des incendies illuminant des scènes d'horreur ! Aujourd'hui, ce sont de jolis enfants qui s'ébattent sur les gazons, plus constellés de fleurs éclatantes que le firmament d'étoiles, et les farouches hommes d'armes qui, du sommet de la tour, interrogent l'horizon, s'appellent Paul Beaudouin, de Gérando, Elisée Reclus, Eugène Noël, Albert Lambert, amis fidèles de l'hospitalière demeure et de ses châtelains.

Le pays que l'on découvre de là est enchanteur ; et quand le regard s'abaisse sur les jardins, on n'est pas moins ébloui. C'est, dans un désordre qui, lui, est un effet de l'art, un mélange inouï de formes variées, un kaléidoscope, une débauche effrénée de couleurs éclatantes. N'ayant point pour le peindre le pinceau de M. Paul Beaudouin, ni pour le décrire la plume de M. de Maupassant, je renonce à vous donner une idée du tableau.

D'ailleurs, si vous n'en pouviez juger par vous-même, ce serait vous causer des regrets, et si vous l'allez voir, ah bien ! vous ne vous soucieriez guère d'en relire une description qui serait à la réalité ce que la lune est au soleil.

Si parmi les lecteurs il en est auxquels la clémence de la destinée accorde des vacances et le moyen de les passer hors de chez eux, je leur recommanderai, après avoir vu la Forestière, de consacrer deux ou trois jours à l'exploration de la forêt de Lyons ; elle est, en certaines de ses parties, comparable à la forêt de Fontainebleau. Mais s'ils ne disposent que d'un ou de deux jours, les environs de Vascœuil les occuperont bien. Toutefois, comme ils excèdent le cadre de ce livre, je dois me borner à leur signaler rapidement : le château du Héron, où se trouve le domaine princier de la famille de Pomereu d'Aligre ; auprès du Héron, dans un îlot entouré par l'Andelle, les ruines très imposantes de la forteresse de Malvoisine ; à la Mare-Noire, la Bourdigale, le plus gros hêtre de la forêt de Lyons ; la ferme de Beauney, avec son beau colombier, et les sources des Hogues qui, jaillissant des hauteurs en pleine forêt, descendent jusque dans l'Andelle. L'une d'elles, la source de Sainte-Honorine, suit un petit vallon, à l'extrémité duquel, après un kilomètre de parcours, elle s'engouffre brusquement dans un trou et disparaît. Des expériences ont permis de constater qu'un canal souterrain en conduit les eaux à l'Andelle.

M. Eugène Noël a recueilli, sur cette source, l'intéressante légende de saint Jovinien. En 1187, Jovinien, prêtre lépreux, était aussi renommé pour sa laideur que pour sa grande expérience des choses de ce monde et de l'autre. Aussi, les pèlerins affluaient-ils de toutes parts à sa cellule, bâtie près du ruisseau de Sainte-Honorine, et de ce concours de voyageurs, il résultait la richesse pour le village des Hogues, cependant que tout était misère dans les marécages de Vascœuil, de Perruel et de l'Isle-Dieu. On le décida à transporter sa cellule et ses consultations dans le prieuré des Prémontrés de l'Isle-Dieu, où bientôt régna l'opulence.

Il faut croire, ajoute M. Eugène Noël, que Jovinien mourut comme il avait vécu, « en odeur de sainteté et de putréfaction », car une statue réaliste, que l'on remarque dans l'église de Vascœuil, le représente dévoré vivant par des milliers de vers.

De nos jours, la fin peu enviable de ce bienfaiteur des Hogues et de l'Isle-Dieu serait considérée comme un simple cas de trichinose, dont les protectionnistes tireraient un fallacieux argument pour contrarier les libre-échangistes.

Il me semble que nous sommes un peu loin des bords fleuris de l'Andelle....... Hâtons-nous d'y revenir.

PONT-SAINT-PIERRE

Il en est de cette excursion comme de la précédente. A pied, elle n'est possible que pour les jambes que ne font point fléchir soixante kilomètres emboîtés les uns au bout des autres. Mais comme tout le monde n'appartient pas à la section de marche d'une société de gymnastique, il faut chercher une combinaison qui supprime cette perspective, généralement peu alléchante, de sept lieues et demie à faire pour revenir quand on les a déjà faites pour aller.

On la trouvera parmi celles-ci.

Est-on en nombre, en famille, en « Syndicat d'amis pour l'exploration de la Normandie ? » C'est le cas de mettre en pratique le conseil donné au commencement de ce livre, et de fréter un omnibus. Soit d'Elbeuf, soit de Rouen, le voyage peut s'effectuer le plus facilement du monde dans un laps de douze heures, c'est-à-dire qu'en partant à 6 ou 7 heures du matin, on peut être de retour vers 6 ou 7 heures du soir.

Si l'on n'a avec soi qu'un ou deux compagnons de route, il est moins dispendieux de prendre de Rouen

où d'Elbeuf son billet aller et retour pour Pont-de-
l'Arche, où l'on empruntera la ligne de Gisors.

Enfin, on peut employer un moyen terme, aller à
pied et revenir en chemin de fer, ou inversement.

D'Elbeuf, deux routes, sensiblement parallèles l'une
à l'autre, conduisent à destination : l'une suit la rive

Château de Pont-Saint-Pierre.

droite de la Seine, part de Saint-Aubin et passe par
Freneuse, le bas de Sotteville, Igoville, Alizay, Pîtres
et Romilly ; l'autre, sur la rive gauche, traverse Caudebec, Martot, la Seine à Pont-de-l'Arche, et va s'a-
morcer à Alizay sur la précédente.

De Rouen, on monte la côte de Bonsecours et on
suit la route nationale jusqu'à Boos, où, à droite, on
la quitte pour la route départementale menant à Pont-
Saint-Pierre par la Neuville-Champ-d'Oisel et la forêt
de Longboël, au débouché de laquelle on a sous les
yeux un panorama magnifique.

L'Andelle coule entre deux chaînes de collines assez
rapprochées, dans une vallée étincelante de fraîcheur
et d'élégance, où elle multiplie à l'infini les caprices
de ses méandres. A gauche, on la voit jusqu'aux fonds
de Charleval; à droite, l'horizon s'élargit sur la vallée
de la Seine que domine, non sans majesté, la côte des
Deux-Amants; en face, Pont-Saint Pierre, son château,
les ruines de Douville, les bois de Bonnemare. De mai
à octobre, c'est un merveilleux paysage.

Pont-Saint-Pierre, où nous établirons le quartier
général de nos opérations, a joué au moyen-âge et
pendant les guerres de religion un rôle considérable,
attesté par le nombre et l'importance des souvenirs
qu'il a conservés de ces époques troublées.

Au XIIe siècle, le château-fort de Pont-Saint-Pierre,
bâti depuis près de deux cents ans, dominait la vallée
et était tombé aux mains d'Eustache de Breteuil, mari
de la fille naturelle d'Henri Ier, roi d'Angleterre, contre
lequel il guerroyait. Elle y fut assiégée par son père,
et l'historien Orderic Vital relate un épisode du siège
où est bien peinte l'horreur des mœurs de cette
époque.

Sentant l'impossibilité de tenir longtemps et redou-
tant le traitement qu'Henri Ier avait infligé à son propre
frère Robert, auquel il avait fait brûler les yeux, elle
conçut le projet de tuer son père. Elle lui demanda une
suspension d'armes et une entrevue, puis quand elle
le vit à bonne portée, elle tendit elle-même une baliste
et lui lança un trait. Henri ne fut pas atteint et donna
l'ordre de réduire le château. Julienne de Breteuil dut
le rendre sans même obtenir, en échange, le droit de
sortir librement. Le roi lui laissa la vie sauve, à la

condition qu'elle descendrait, nue, à la vue de toute l'armée, par les murs du château. La misérable femme dut se laisser glisser le long d'une corde et tomber dans l'eau glaciale du fossé. Elle en sortit cependant, mais force lui fut de se rendre en ce triste équipage à Pacy-sur-Eure, où se trouvait son mari.

On montre encore l'emplacement où se dressait la

Ruines du château de Douville.

forteresse d'Eustache de Breteuil, dont il n'y a plus que des vestiges sans intérêt.

A quelque distance de là, s'élève le beau château construit, dit-on, au XVe siècle par le sire de Roncherolles, et où la tradition rapporte que l'illustre Talbot, « l'Achille anglais », aurait résidé pendant ses campagnes de Normandie. Il a fort grand air, avec ses tours plongeant dans les fossés pleins d'eau qui l'environnent et les tourelles en encorbellement qui surmontent les angles de sa façade.

14

Le château de Pont-Saint-Pierre fut la propriété des sires de Roncherolles, barons et marquis de Pont-Saint-Pierre, barons d'Ecouis, seigneurs de Pîtres, Romilly, Douville et autres lieux, jusqu'en 1760 ; à cette époque, il fut vendu au baron Anne-Pierre de Montesquiou qui, lui-même, le revendit au chevalier de Coqueraumont, président à la Cour des comptes de Normandie, l'un des ancêtres du propriétaire actuel, M. le baron d'Houdemare. L'entrée en est toujours gracieusement accordée aux visiteurs.

En le contournant et en suivant les rives de l'Andelle, on aperçoit, au milieu de la vallée, dans une boucle de la rivière, une masse compacte, où des arbres, des lierres et des ronces masquent à demi d'immenses pans de murailles. Ce sont les ruines du château de Logempré, demeure célèbre par le séjour qu'y firent Henri IV et Gabrielle d'Estrées. Le Vert-Galant assiégeait alors Rouen et venait à Douville se délasser des lenteurs du siège en filant le parfait amour aux pieds de la belle Gabrielle. Ce n'est plus aujourd'hui qu'un nid de hiboux, envahi par une végétation folle, et néanmoins très romantique encore.

Rejoignons la route en remontant le cours de l'Andelle, et bientôt, par un adorable chemin entre les coteaux boisés et la rivière où glissent, promptes comme des flèches, des bandes de truites, nous arriverons près d'une immense construction dont la forme extraordinaire intrigue toujours les touristes étrangers. Figurez-vous un long vaisseau, de style ogival, flanqué à chacun des quatre coins d'une haute tour gothique, aux vastes fenêtres qui lui donnent l'aspect d'une cathédrale dont un incendie n'aurait laissé que les murs.

C'est le cadavre d'une puissante filature, en pleine vie il y a quinze ans , et qu'en une nuit le feu a dévorée. Il y aurait de quoi bâtir un village avec ce qu'il en reste.

Quelques pas encore, et nous voici à Radepont, à l'entrée de la propriété de M. le baron Charles Levavasseur, l'une des plus belles de France, certainement. Autrefois, l'accès en était libre, mais des promeneurs indélicats ont imposé la nécessité d'une consigne sévère. Toutefois, les portes de Fontaine-Guérard s'ouvrent d'elles-mêmes, si l'on a eu soin de se munir d'une autorisation, toujours courtoisement accordée.

RADEPONT

UN DOMAINE PRINCIER. — PAYSAGE.

ABBAYE DE FONTAINE-GUÉRARD.

L'ART DE PRENDRE LES TRUITES. — SOMBRE **DRAME**.

LA NONNE SANGLANTE.

AUTRE PAYSAGE. — LES PETITES SOURCES.

LA FORTERESSE DE RADEPONT.

FUMECHON. — N'OUBLIONS PAS LES NATURALISTES !

LE PLUS BEAU COLOMBIER DE FRANCE.

En quelques mots, je donnerai une idée de ce qu'est ce domaine princier de Radepont : il enclave des coteaux et des prairies, des futaies et des taillis, un château moderne, les ruines de la forteresse de Philippe-Auguste, une ancienne abbaye et de nombreuses sources descendant en cascades vers l'Andelle, qui traverse le parc, et sur les eaux limpides de laquelle s'ébattent des cygnes au col argenté.

Un ponceau, jeté à droite sur l'Andelle et dont les assises sont couvertes des fleurs bleues de la grande Pervenche, précède l'entrée de Fontaine-Guérard. De ce point, on a sous les yeux un ravissant paysage.

Au bas du coteau, l'abbaye s'allonge jusqu'à la rivière, ouvrant au soleil ses élégantes colonnades et ses ogives. Dans un pré, deux hêtres élancent leur ramure régulière ; un sapin détache sa pyramide sombre sur la façade blanche du cloître ; sur la berge, un orme se penche comme pour se mirer dans l'eau limpide où se reflètent le ciel et la toiture rouillée des bâtiments claustraux ; des fonds bleutés de l'horizon, l'Andelle accourt, étincelle au soleil, s'enfonce sous les ombrages du parc et reparaît, coupant la prairie, pareille à un galon d'argent sur un manteau vert.

On ne saurait rien imaginer de plus séduisant, de plus frais, de plus poétique que ce tableau, aux heures matinales où le soleil levant le frappe, ou le soir, quand le crépuscule descend doucement des hauteurs de Charleval. On s'en arrache à regret, mais d'autres surprises attendent le touriste dans le domaine de Radepont.

A peine entré dans le parc par une large allée, à droite de laquelle on rencontre une première source qui babille au soleil en courant vers la rivière, on se trouve en face des ruines de l'abbaye de Fontaine-Guérard, dont il reste l'église, une chapelle, la salle capitulaire, le réfectoire et le cloître. La galerie où se promenaient les nonnes prenait jour par de grandes baies en ogive, séparées par des colonnettes à chapiteaux. C'est la partie la mieux conservée du monastère.

M. Falleu, dans son étude sur le château de Radepont et l'abbaye de Fontaine-Guérard, a recueilli une
assez bonne légende dont le tour épicurien s'accorde
à merveille avec ce que l'on connaît de la vie monas-
tique à cette époque :

Fontaine-Guérard appartenait à une communauté de
femmes de l'Ordre de Cîteaux, filles nobles pour la
plupart, que le droit d'aînesse avait condamnées, dès
leur naissance, à la réclusion des cloîtres. L'histoire
raconte qu'elles tâchaient de leur mieux à en rompre
la monotonie et faisaient toujours grand accueil aux
dignitaires ecclésiastiques venus chez elles en tournée
pastorale avec une suite nombreuse.

L'archidiacre du Vexin normand avait accoutumé de
dîner, le premier vendredi de carême, au monastère
de Fontaine-Guérard. On savait ses goûts, et l'on ne
manquait pas de lui apprêter un somptueux festin dont
les sarcelles et les truites faisaient les principaux frais.
Une année, le poisson manqua. Les pêcheurs du couvent avaient eu beau multiplier les nasses, voire barrer
de filets la largeur de la rivière, rien que du fretin,
indigne d'une table épiscopale, ne se prenait dans
l'osier ou dans les mailles. Désespérée, l'abbesse as-
sembla la communauté et lui exposa son ennui. Alors,
rougissante, une novice, dont le saint préféré répon-
dait au doux nom de Valentin, émit timidement l'idée
d'une invocation à son patron. Elle dut être fervente,
car les derniers mots n'étaient pas tombés des lèvres
des nonnes, que l'on vit accourir un serviteur du couvent portant une truite de quatre pieds, la plus belle
que l'on eût jamais vue.

La mémoire de ce miracle devait être conservée et

le fut. Un peintre en renom peignit pour le réfectoire un tableau représentant saint Valentin marchant sur la rivière et obligeant les truites à remonter vers le couvent.

Il s'en faut que ce soit la seule légende que l'on ait recueillie sur Fontaine-Guérard et sur Radepont, mais toutes ne sont pas aussi poétiques que celle-là. Il en est qui ne s'accordent pas moins bien avec un autre côté des mœurs farouches de la féodalité.

En 1399, Jeanne I de la Treille, qui avait succédé à Pétronille II de Villequier comme abbesse de Fontaine-Guérard, avait donné asile à Marie de Ferrières, femme de Guillaume de Léon, seigneur d'Hacqueville.

Marie de Ferrières était remarquable autant par sa douceur que par sa beauté, mais en dépit de ses vertus, elle avait cruellement à souffrir des violences de son mari, lequel était un rude homme de guerre, brutal et jaloux. Un soir, il la chassa indignement de son château et l'obligea à se réfugier à l'abbaye. Mais cela ne suffit point à assouvir sa haine, et il conçut le projet de la faire assassiner. Les Archives de la Seine-Inférieure possèdent un document authentique [1], où le sombre drame qui se déroula est longuement raconté. Guillaume de Léon soudoya son valet de chambre, Jean Nérel, et quelques malfaiteurs qui, une nuit, armés jusqu'aux dents, munis d'échelles de cordes et d'une lanterne, escaladèrent les murs de l'église, forcèrent une fenêtre et firent irruption dans le cloître. Marie de Ferrières s'enfuit, mais les assassins la trouvèrent sous un banc.

---

(1) Requête au roi par la famille de Ferrières et le couvent de Fontaine-Guérard contre le seigneur de Hacqueville, en 1400.

-Abbaye de Fontaine-Guerard. — Ruines du château de Radepont.

« Prevel, varlet de chevaux du sire de Hacque-
« ville, la tira par les tresses et par les cheveux et la
« traîna hors dessous le dit banc ; et après, la prit par
« dessous le menton et lui mit le genou sur la poi-
« trine, et lui coupa la gorge. Et avec ce, lui et aucuns
« des autres qui étaient avec lui, lui donnèrent plu-
« sieurs coups de dague en la poitrine et au cœur ; et
« encore de ce non contents, lui donnèrent d'une épée
« par le fondement, et tant qu'ils la meurdrirent illec
« très mauviennement. »

Le chapelain du couvent, voulant la secourir, fut
grièvement blessé par les misérables, qui purent se
sauver. Mais découverts peu de temps après, ils furent
torturés et mis à mort. Quant à Guillaume de Léon, il
se constitua prisonnier et passa quelques années
dans les cachots du Châtelet.

Sa victime fut inhumée d'abord dans une chapelle
de l'abbaye. Plus tard, ses restes furent transportés
dans une tour du château de Radepont.

L'histoire nous a légué la généalogie des abbesses de
Fontaine-Guérard. Il en est qui portent des noms
connus, notamment Ada II de Crèvecœur, Pétronille III
et Elisabeth I de Maromme, Elisabeth II et Charlotte
de Bigard de la Londe, et Mme de Radepont, qui gou-
verna l'abbaye de 1777 à 1789.

En contournant l'abbaye soit par le chemin qui
monte, soit par celui qui longe la rivière, on se rend
aux ruines du vieux château de Richard Cœur-de-
Lion. Mais avant d'y arriver, il faut s'attendre à ce
qu'une extase réelle vous cloue sur place à chaque
instant, tant sont belles les échappées que les méandres des sentiers ouvrent sur le parc et sur la vallée.

L'Andelle à Radepont. (Photographie de l'auteur).

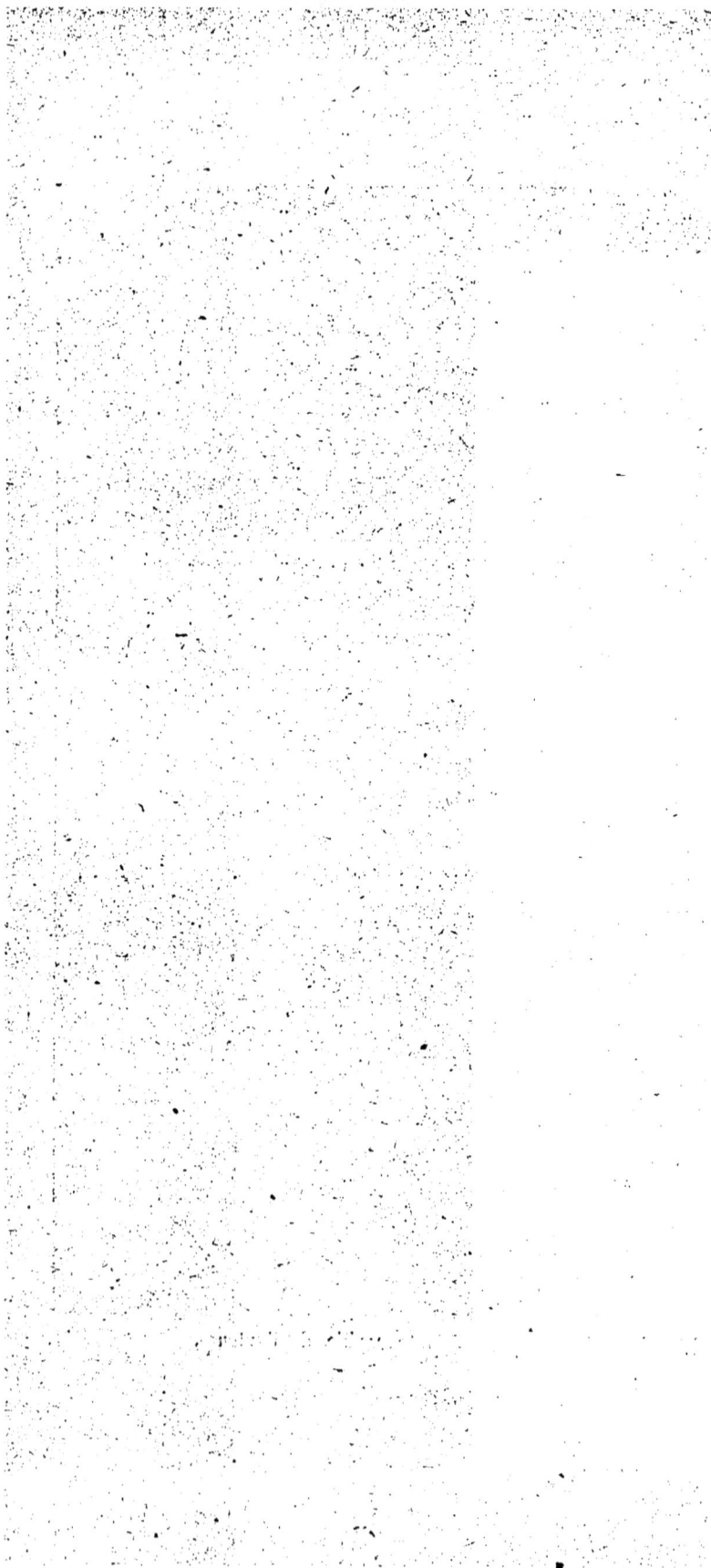

Quand on rentre sous bois, il est notamment un endroit où la nature semble avoir groupé les détails charmants. A gauche, trois sources, jaillissant au pied d'un Terme, descendent en cascades à travers un épais fourré d'arbres dont les branches s'entrelacent d'un bord à l'autre, formant comme une voûte de lianes ; à droite, la rivière bifurque, enlaçant une île reliée à la rive par un vieux pont et où paissent des troupeaux de vaches ; des bouquets de saules et de grands peupliers se mirent dans l'Andelle, où, par instants, glissent comme d'énormes flocons de neige des couples de cygnes. Les coteaux de Fleury ferment l'horizon.

Seul, un énergique effort peut vous décider à partir. Il est nécessaire, car le château réclame, lui aussi, une station assez prolongée.

Sur le sommet d'un coteau boisé, la main robuste des compagnons de Richard Cœur-de-Lion, ouvrant largement le sol, isola une motte formidable et la couronna d'une des plus puissantes forteresses de l'époque ; on estime qu'elle mesurait 80 mètres de longueur sur 40 mètres de largeur. Commencée vers 1194, elle fut achevée en 1197. En 1203, elle était au pouvoir de Jean-sans-Terre, quand Philippe-Auguste vint en personne l'assiéger. L'emplacement où il s'établit porte encore dans la contrée le nom de Camp-de-Philippe-Auguste et est enclavé dans le domaine de Radepont ; sa lisière est plantée de hêtres séculaires, dont l'un, dominant un précipice à la base duquel s'ouvre une grotte, mesure 4 m. 65 de circonférence. Le siège fut long et meurtrier. Philippe-Auguste dut jeter un pont sur le fossé et y établir des tours roulantes, du haut desquelles les Anglais furent enfin écrasés.

Il reste de majestueuses ruines, malheureusement mutilées, sous prétexte d'embellissement, par le marquis de Radepont, en 1820. On voit encore la *tour de Jean-sans-Terre*, la *tour de Richard Cœur-de-Lion*, dont l'escalier en vis a été ajouté par M. de Radepont, une poterne et une chapelle, dans un état de dégradation inquiétant.

Le château moderne, dont le style n'a rien d'artistique, s'élève à peu de distance de là.

Près du Camp-de-Philippe-Auguste, un singulier édicule, en forme de temple antique, intrigue le promeneur. C'est le témoignage de la reconnaissance du duc de Penthièvre, qui l'érigea en 1790, en souvenir de l'hospitalité qu'il avait reçue de M. de Radepont.

La visite — sommaire — du parc est ici terminée. On le quitte par la grille principale, ouvrant sur Radepont, Fumechon et les coteaux de Fleury. A droite, on voit un très vieux moulin qui, pittoresquement assis sur l'Andelle, très rapide à cet endroit, peut fournir aux artistes le sujet d'une étude intéressante.

Ce nom de Fumechon évoque le souvenir d'une prospérité industrielle aujourd'hui disparue. Il y avait là un atelier de gravure, dirigé par M. Lancelevée père, et dont les travaux jouissaient d'une renommée artistique bien établie. C'était aussi, durant les jours troublés de 1851, un foyer d'ardent libéralisme.

Un dernier souvenir encore :

C'est à Radepont, devant l'avenue du château de Coquetot, que le girondin Roland, ne voulant pas survivre à sa femme, se poignarda le 16 novembre 1793.

On voit qu'à chaque pas, la légende et l'histoire ajoutent leurs notes, tour à tour joyeuses ou dramatiques, aux beautés naturelles de cette vallée.

Ce que j'en viens de conter justifiera, il me semble, l'insistance que je mets à recommander, entre toutes, les excursions de l'Andelle aux gens désireux de connaître ce que la Normandie a de plus attrayant.

— Quoi! une protestation! Timide, il est vrai, mais enfin c'en est une.

J'entends bien. Elle vient du côté des naturalistes qui se sont associés à nos excursions ; ils se plaignent que, jusqu'alors, j'aie paru les oublier tout autant que s'ils ne nous avaient pas fidèlement suivis, boîte au dos, depuis le matin. Ils réclament leur tour.

C'est trop juste. Voici leur lot. S'il n'est point très riche, qu'ils n'en accusent point la plaine ni la forêt, la rivière ni le coteau, mais seulement les circonstances, qui ne m'ont point permis d'en bien approfondir l'histoire naturelle.

Je leur signalerai : à Radepont, l'Epinard Bon-Henri (*Chenopodium Bonus-Henricus*). Dans les prairies de Fumechon, une belle et rare crucifère, du genre Cardamine (*Cardamine amara*), à fleurs blanches. Sur les berges de l'Andelle, l'Iris à fleurs jaunes (*Iris pseudo-acorus*) et trois grandes graminées, *Festuca arundinacea, Glyceria fluitans, Phalaris arundinacca*. Dans le parc, *Arenaria trinervia*; trois lychnides, *Lychnis vespertina, L. diurna, L. flos-cuculi*; plusieurs géraniums, entre autres une espèce peu commune, le Géranium des Pyrénées (*G. pyrenaicum*), l'Ophrys abeille, la Belladonne ; plusieurs fougères des genres Doradilles, Scolopendre, Pteris, etc. Sur les coteaux, l'Anthyllide vulnéraire, l'Asclépiade, la Chlore perfoliée, l'Ancolie, la Digitale pourpre et la Digitale jaune ;

plusieurs Germandrées, l'Euphorbe à feuilles de cyprès (*Euphorbia cyparissias*) et de nombreuses Orchidées, *Orchis conopsea, O. maculata, Aceras pyramidalis, Ophrys arachnites, O. muscifera, Epipactis atrorubens, Cephalanthera grandiflora* et, dans une plantation d'Ailanthes, une gentiane (*Gentiana cruciata*). Dans les ruines du château de Douville, *Euphorbia platyphyllos* et *Paris quadrifolia*.

M. Coquerel a trouvé, à Pont-Saint-Pierre, une très rare verbenacée, la *Verbena supina*.

En entomologie, M. Théodore Lancelevée, qui connaît à fond cette partie de la vallée de l'Andelle, m'a signalé :

Sur la côte des Deux-Amants, la belle Chrysomèle des blés (*Chrysomela cerealis*); un curieux insecte vivant dans une sablonnière au sommet de la côte et dont les organes visuels sont presque invisibles, le *Leptimus testaceus*; le *Claviger foreolatus*, sous les pierres, et un papillon peu commun, le *Satyrus Arethusa*.

(Sur la côte des Deux-Amants, il y a lieu de noter quatre plantes très intéressantes : *Anemone ranunculoides, Hepatica triloba, Corydalis lutea* et *Biscutella lœvigata*).

Dans les plaines et prairies de la partie inférieure de la vallée :

Le Nécrophore d'Allemagne (*Necrophorus Germanicus*), le plus gros de ces curieux fossoyeurs champêtres qui creusent des fosses où ils enfouissent les cadavres des petits mammifères ; la jolie Cicindèle bleue (*Cicindela Germanica*); le *Mycetophagus 4-pustulatus*; le *Bulboceras mobilicornis*, que l'on capture le soir sur les tiges des graminées.

Dans le parc de Radepont : huit intéressants coléoptères, *Orchesia micans; Sinodendron cylindricum; Phi-
lonthus cyaneipennis; Apate capucinus; Carabus con-
vexus; Hylobius faluus; Nanophyes lythri*, et, sur les
frênes, la Cantharide (*Cantharis vesicatoria*).

Sur les berges, plusieurs variétés de *Donacia sericea*
et *D. sagittariæ; Grypidius equiseti; Chrysomela men-
thastri*.

Dans l'Andelle et dans les ruisseaux : *Elmis cupreus,
E. Wolkmari, E. Dargelasi; Potaminus substriatus, Hy-
droporus pictus; Haliplus elevatus, Dyticus marginalis,
D. punctulatus*, etc., etc.

En écrivant cette nomenclature, je me sentais dis-
posé aux plus plates excuses vis-à-vis de ceux de mes
lecteurs que la botanique intéresse médiocrement et
qui ne connaissent l'entomologie que par ouï-dire ;
mais j'ai réfléchi qu'ils en seraient quittes pour ne
point lire ces appellations, horriblement barbares, je le
confesse. Je glisserai seulement un petit mot, discret,
timide, pour affirmer que ceux-là seuls qui possèdent
quelques notions d'histoire naturelle savent jouir plei-
nement des beaux pays où les conduisent leurs loisirs.
Il en est de la nature comme de la musique ; tout le
monde l'aime, mais ses charmes les plus délicats ne
peuvent être goûtés que par les initiés.

Et maintenant, je me sauve bien vite, pour ne point
m'entendre dédaigneusement traiter de naturaliste,
injure suprême, surpassée seulement par celle-ci :

— Artiste !

J'ai dit que pour aller de Rouen à Radepont en voiture, il fallait passer par Boos.

Il est indispensable de s'arrêter là une demi-heure et d'aller voir les restes du vieux manoir que les religieuses de Saint-Amand, de Rouen, y possédaient au XIIIᵉ siècle. Quelques bâtiments du XIIIᵉ et du XVIᵉ y subsistent encore, mais le colombier est presque intact, et c'est, dit-on, le plus beau de France ; on le considère comme le chef-d'œuvre du genre. Il est de forme octogone, en briques vernissées et polychrômes, avec arcatures, corniches gothiques et revêtement de plaques de faïence de Rouen représentant des personnages costumés à la mode du XVᵉ siècle. Il est, bien entendu, classé comme monument historique.

APPENDICE

JUMIÉGES ET SAINT-WANDRILLE.

DÉDICACE.

J'ai tenu à rester, aussi rigoureusement que possible, dans les limites du périmètre de 25 kilomètres de rayon que je m'étais tracé.

Toutefois, un assez grand nombre d'autres excursions peuvent, en raison de la facilité des communications, se faire dans l'espace d'une journée et sans grands frais.

Pour celles-là, je renverrai le lecteur aux guides proprement dits. Cependant, je recommanderai d'une façon particulière une visite aux ruines de Jumièges et de Saint-Wandrille. Elles sont célèbres dans le monde entier, et il n'est guère permis aux jeunes gens dont l'esprit s'intéresse aux belles choses de la Normandie de ne pas connaître ces deux abbayes. On peut d'ailleurs, « faire d'une pierre trois coups » et, en combinant bien son affaire, voir dans la même journée le mascaret à Caudebec-en-Caux, l'abbaye de Saint-Wandrille et celle de Jumièges.

A titre de simple indication, voici, sommairement, l'itinéraire à suivre.

Les journaux de la région publiant toujours

plusieurs jours à l'avance les dates du mascaret, je conseillerai, à l'époque où l'heure du flot coïncidera à peu près avec celle du chemin de fer, de prendre le premier train du matin de Rouen pour Caudebec-en-Caux, d'attendre le passage de la barre, de déjeuner à Caudebec après avoir parcouru la ville et visité l'église, de gagner à pied Saint-Wandrille, de reprendre à la station le troisième train jusqu'à Jumièges, de visiter l'abbaye, de dîner à l'hôtel et de reprendre le dernier train arrivant à Rouen vers 10 heures.

Ici prend fin cet essai de manuel du promeneur autour de Rouen. Il est fort incomplet, je ne le dissimule pas, mais il est aussi, selon l'expression de Montaigne, « un livre de bonne foy » écrit surtout dans le but de donner aux jeunes gens le goût des saines distractions que la nature prodigue à ceux qui veulent bien les lui demander. Comme je les en ai prévenus, en voyant par eux-mêmes ce qu'il leur signale, ils auront le plaisir de découvrir ce dont il oublie de parler, et, souvent, ce ne sera pas le côté le moins intéressant de leurs promenades. J'espère même qu'un jour, l'un d'eux, reprenant pour son compte l'idée si imparfaitement mise en œuvre ici, lui donnera ce cadre et le développement dignes d'un si beau sujet.

Mon dernier mot sera pour dédier à mes enfants, dont l'aîné a été mon collaborateur, et à mes amis ce souvenir de quelques-unes des bonnes et trop courtes heures passées ensemble *autour de Rouen*; il sera aussi un remerciement à MM. Pierre Noury, Madoulé, Théodore Lancelevée, Henri Gadeau de Kerville, Ernest de Bergevin, Paul Noël, Poussier, Prévost, qui, soit en histoire naturelle, soit en topographie, m'ont fourni plus d'une utile indication ; je joindrai à leurs noms ceux de MM. Nicolle et Emile Deshays, qui m'ont donné une collaboration dont les artistes sauront apprécier le mérite.

Et maintenant, à qui s'étonnerait de voir cette dédicace à la fin du livre, je répondrai que je ne pouvais trouver de meilleur moyen pour bien finir ce que j'ai conscience d'avoir insuffisamment commencé.

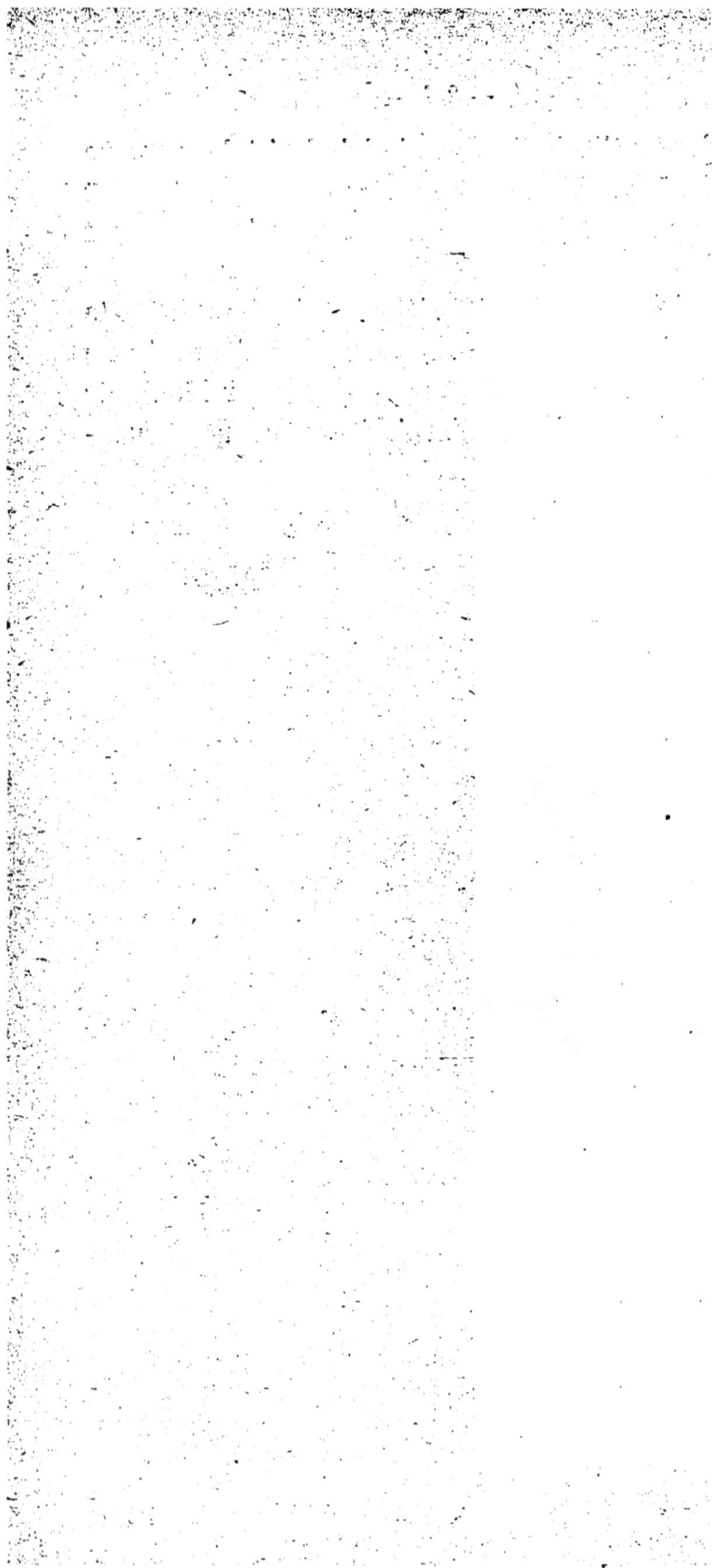

TABLE DES MATIÈRES

CHAPITRE VI.

ÇA ET LA.

I.

CHAPITRE VII.

LA VALLÉE DE L'ANDELLE.

I.

CHAPITRE VIII.

RENSEIGNEMENTS DIVERS.

I.

ERRATA.

Page 169. — Sous-titre : Au lieu de « Un Roman au moyen, » lire : « Un Roman au Moyen-âge. »

Page 172. — La quatrième phrase doit être ainsi rétablie :

En avril, les fossés qui le bordent sont littéralement garnis de cette magnifique renonculacée, le Populage *(Caltha palustris)*, qui est, au printemps, avec les cardamines roses, la première parure du bord des eaux.

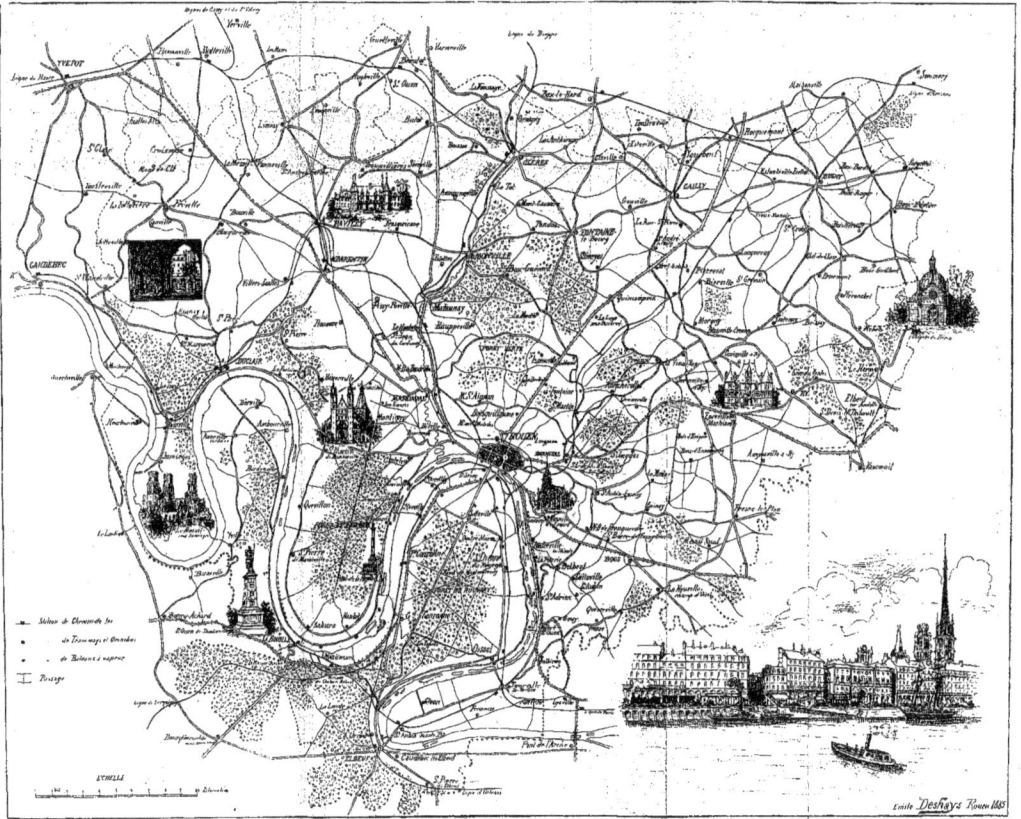

Rouen. — Imp. Emile Deshays et C°, rue des Carmes, 53.

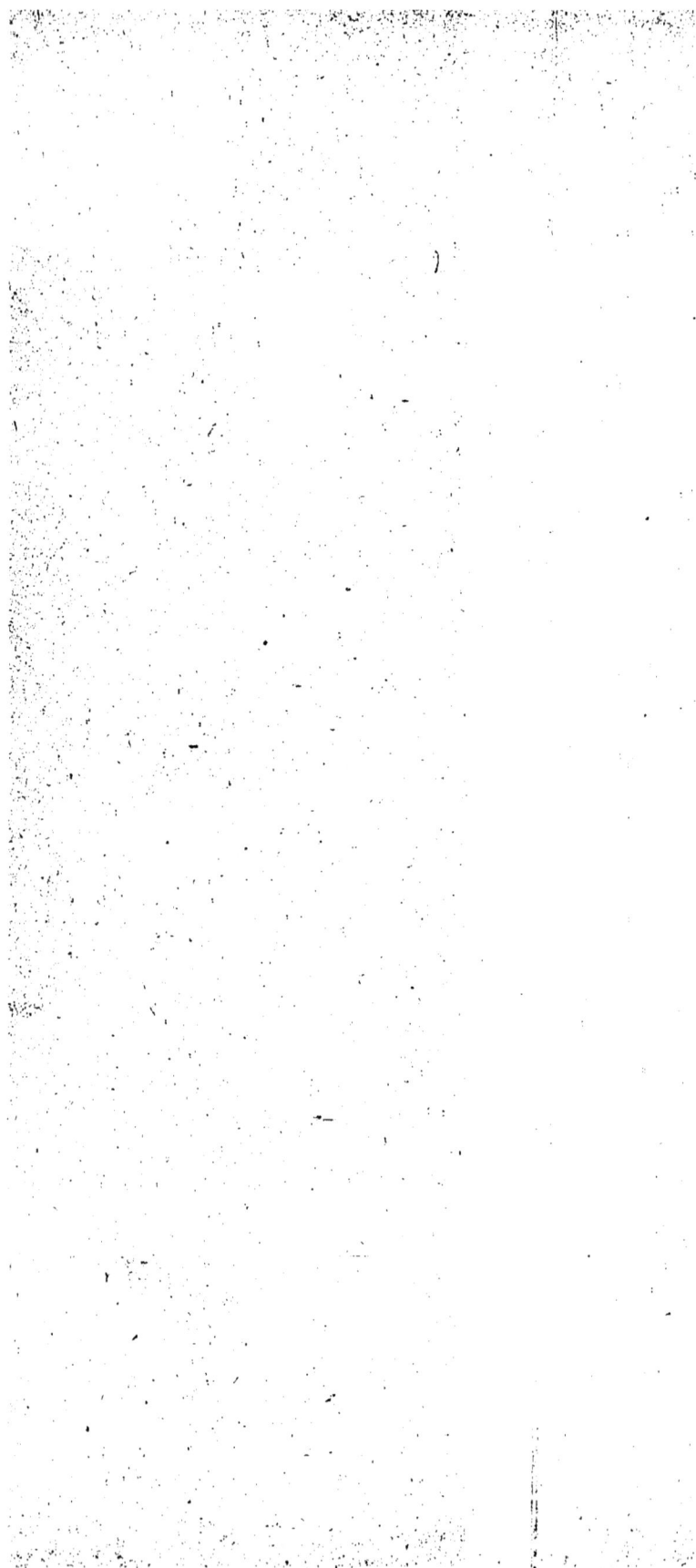

PRIX DES PLACES

DE CHEMIN DE FER

DE ROUEN AUX STATIONS SUIVANTES (*et vice versâ*).

LIGNE D'ORLÉANS

	BILLETS SIMPLES			ALLER et RETOUR			du 1 mai au 31 oct. dimanches et fêtes		
	1ᵉ cl.	2ᵉ cl.	3ᵉ cl.	1ᵉ cl.	2ᵉ cl.	3ᵉ cl.	1ᵉ cl.	2ᵉ cl.	3ᵉ cl.
Elbeuf-Rouvalets (halte).	2.20	1.50	» 85	3.30	2.30	1.30			
Elbeuf-Ville............	2.20	1.50	» 85	3.30	2.30	1.30			
Grand-Couronne.......	1.25	» 85	» 50	1.85	1.30	» 75			
Grand-Quevilly.........	» 55	» 40	» 20	» 85	» 60	» 35			
Moulineaux (halte).......	1.45	1	» 55	2.15	1.50	» 85			
Petit-Couronne	» 85	» 60	» 35	1.30	» 90	» 50			
Petit-Quevilly..........	» 55	» 40	» 20	» 85	» 60	» 35			

LIGNE DE L'OUEST. — DE ROUEN (R. D. ET R. G.)

	1ᵉ cl.	2ᵉ cl.	3ᵉ cl.	1ᵉ cl.	2ᵉ cl.	3ᵉ cl.	1ᵉ cl.	2ᵉ cl.	3ᵉ cl.
Barentin (station)	2.20	1.65	1.20	2.95	2.20	1.40	2.60	1.95	1.40
Barentin (ville)	2.85	2.10	1.50	4.25	3.15	2.15	3.40	2.50	1.80
Caudebec-en-Caux	5.75	4.30	3.15	8.45	6.15	3.90	6.90	5.15	3.80
Clères	2.65	2 »	1.45	4.15	3.05	2.10	3.15	2.30	1.65
Duclair	3.95	2.95	2.10	5.50	4 »	2.40	4.75	3.55	2.40
Elbeuf-Saint-Aubin	2.20	1.50	» 85	3.30	2.30	1.30			
Guerbaville-la-Mailleraye	5.15	3.90	2.85	7.65	5.50	3.60	6.20	4.70	3.40
Le Paulu................	3.30	2.45	1.80	4.65	3.40	2.25			
Le Trait...............	4.65	3.50	2.55	6.60	4.90	2.95			
Malaunay	1.20	» 90	» 65	1.65	1.20	» 85	1.50	1.10	» 85
Maromme	» 70	» 55	» 35	» 95	» 70	» 50	» 85	» 65	» 40
Monville	1.85	1.35	» 95	3.15	2.20	1.50	2.50	1.75	1.30
Oissel r. g.............	1.20	» 80	» 45	1.85	1.30	» 70			
Oissel r. d.............	1.20	» 80	» 45	1.85	1.30	» 70			
Orival (halte)...........	2.45	1.65	1 »	3.70	2.60	1.50			
Pavilly (station)........	2.35	1.75	1.25	3.70	2.85	1.85	2.85	2.05	1.50
Pavilly (ville)	2.45	1.85	1.35	3.85	3 »	2 »	2.95	2.20	1.60
Pont-de-l'Arche	2.20	1.65	1.20	3.30	2.75	2.20			
St-Etienne-du-Rouvray ..	» 85	» 55	» 35	1.15	» 90	» 50			
St-Wandrille...........	5.65	4.20	3.10	8.20	6.10	3.85	6.80	5.05	3.70
Sotteville..............	» 70	» 55	» 35	» 85	» 65	» 40			
Tourville-la-Rivière.....	1.55	1	» 55	2.40	1.65	» 85			
Villers-Ecalle..........	3.05	2.30	1.70	4.25	3.15	2.15	3.65	2.75	2.05
Yainville-Jumièges......	4.45	3.30	2.40	6.60	4.90	2.95	5.35	3.95	2.90

LIGNE DU NORD. — DE ROUEN (MARTAINVILLE)

	1ᵉ cl.	2ᵉ cl.	3ᵉ cl.	1ᵉ cl.	2ᵉ cl.	3ᵉ cl.			
Buchy..................	3.45	2.55	1.85	5.20	3.90	3.15			
Darnétal	» 70	» 55	» 35	1.10	» 75	» 60			
Longuerue-Vieux-Manoir	2.55	1.90	1.40	3.85	2.85	2.40			
Morgny	2.05	1.55	1.15	3.10	2.40	1.95			

BATEAUX DE LA BOUILLE

	1e classe	2e classe
Rouen à Croisset.	» 40	» 30
— Croisset-Dieppedalle (Couvent)	» 50	» 30
— Dieppedalle	» 50	» 30
— Biessard et Petit-Couronne.	» 60	» 50
— Val-de-la-Haye et Grand-Couronne.	» 70	» 60
— Hautot	» 90	» 70
— Sahurs et La Bouille	1 »	» 80
— La Bouille (demi-place)	» 50	» 40

ALLER ET RETOUR

	1e classe	2e classe
Rouen à Biessard au Petit-Couronne.	1 »	» 90
— Val-de-la-Haye et Hautot.	1.20	1 »
— Sahurs et La Bouille	1.50	1.25

BATEAUX-OMNIBUS

EN AMONT

Rouen à Eauplet, 0 f. 15 ; Rouen à Oissel et stations intermédiaires, prix unique, 0 f. 40.

EN AVAL

Rouen à Dieppedalle et stations intermédiaires, prix unique, 0 f. 30.

TRAMWAYS DE ROUEN

Du Pont-de-Pierre à la Demi-Lune de Maromme,
1e classe, 0 fr. 50 ; impériale, 0 fr. 35

De l'Hôtel-de-Ville de Rouen à l'Hôtel-de-Ville de Darnétal,
1° classe, 0 fr. 30 ; 2° classe, 0 fr. 20

De l'Hôtel-de-Ville à Quatre-Mares, 1° cl., 0 f. 45 ; 2° cl. ou impér., 0 f. 30

Du Pont-de-Pierre à Petit-Quevilly, 1° cl., 0 f. 35 ; 2° cl., 0 f. 25

De l'Hôtel-de-Ville au Jardin-des-Plantes, 1° cl., 0 f. 30 ; 2° cl., 0 f. 20

DE L'IMPRIMERIE

EMILE DESHAYS ET Cᵉ

58, rue des Carmes

ROUEN

www.ingramcontent.com/pod-product-compliance
Lightning Source LLC
Chambersburg PA
CBHW072301210326
41519CB00057B/2444